文部科学省後援

日本化粧品検定 **2級** 対策テキスト

コスメの教科書 〔第3版〕

ニキビ・毛穴・シミ・シワなど、
肌悩みの対策を学ぶ

はじめに

「美容」とは、顔やからだつき、肌などを美しく整えるという意味のことばです。「美」を整えるものとして、化粧品はなくてはならない存在です。肌や化粧品について科学的な根拠のある正しい知識があれば、世の中に星の数ほどある化粧品や美容に関連するアイテムを最大限に効果的に使うことができます。マッサージや生活習慣の改善などでも美しい肌へ、無駄なく、より近道で整えることができるはずです。そのお手伝いが本書と「日本化粧品検定」でできることを願っています。

日本化粧品検定協会　代表理事
化粧品を心から愛している
小西さやかより

SNSなどでは、不確かな情報を目にすることがよくあります。科学技術の進歩に伴い、情報は日々アップデートされています。本書では、科学的根拠をできるだけ考慮し、肌や美容、化粧品成分、法規制など、幅広い知識を級ごとに分かりやすく解説しています。すべての方が化粧品を楽しんで使い、将来の生活の質の向上につながることを願っています。

日本化粧品検定協会　理事
藤岡賢大より

本書の使い方

　本書は「日本化粧品検定」の公式テキストです。合格を目指す方の受験対策として、必ず理解してほしい重要なポイントを見逃さないように、マークや赤字でわかりやすく表示しています。試験直前の理解度チェックにも役立ちます。また、化粧品や美容を学ぶ教科書としてもご活用いただけます。

検定POINT
重要な部分には「検定POINT」マークがついています。重点的にチェックしましょう！

試験勉強に便利な「赤シート」
暗記すべき内容は、赤字で記載されています。付属の赤シートを重ねて赤字の語句を隠しながら、理解できているかをチェックすることができます。

公式キャラクターのここちゃん
美容・化粧品が大好き！コスメコンシェルジュとして、たくさんの人に正しい化粧品の知識を広めるために日々奮闘中。

◀ LINEスタンプはこちらから

〈 **本書の取り扱いに関する注意事項** 〉

本書の著作権・商標権等及びその他一切の知的財産権は、すべて一般社団法人日本化粧品検定協会、代表理事小西さやか、および正当な権利を有する第三者に帰属します。許可なく本書のコピー、スキャン、デジタル化等の複製をすることは、著作権法上の例外を除き禁じられています。
また、著作権者の許可なく、本書を使用して何らかの講習・講座を開催することを固く禁じます。
ただし、日本化粧品検定協会が認定するコスメコンシェルジュインストラクター資格保有者に限り、協会の定めた範囲で日本化粧品検定受験のための講習・講座を実施することができます。
上記を守っていただけない場合には、協会の定めた規約に基づく措置または法的な措置等をとらせていただく場合がありますのでご了承ください。

法律改正などによりテキスト内容に変更や誤りが生じた際には、協会公式サイトに正誤表を掲載いたします。お手数ですが随時ご確認ください。

日本化粧品検定とは？

文部科学省後援[*]
化粧品・美容に関する知識の普及と向上を目指した検定です

＊1・2級

　日本化粧品検定は、美容関係者はもちろん、生涯学習を目的とする方や学生など、年齢や性別を問わず、さまざまな方に挑戦していただいている検定です。
　化粧品の良し悪しを評価するのではなく、化粧品の成分や働きを正しく理解することで、必要なものを選択する力が身につきます。

キレイになるために　　**就職・転職に**　　**キャリアアップに**

検定保有者を優遇をしている企業がたくさんあります

化粧品業界認知度
知っている 約90％！！

※2023年1月化粧品開発展セミナー参加者アンケート（n=697）

社員研修や社内資格制度などスペシャリストの育成にも活用されている日本化粧品検定。採用試験での優遇や資格手当の支給など、検定保有者に優遇対応をしている企業がたくさんあります。

協賛サポート企業が570社以上もあるんだ！
※2024年6月末時点

実施要項

	1級	2級	準2級	3級
受験資格	年齢・性別を問わず、どなたでも、何級からでも受験できます。			
受験料	13,200円 併願受験19,800円 （同日に1級と2級を受験）	8,800円	4,950円	無料
試験方法	マークシート方式 （試験時間60分）	マークシート方式 （試験時間50分）	Web受験 （試験時間40分）	Web受験 （試験時間15分）
出題数	60問	60問	50問	20問
合格ライン	正答率70％前後	正答率70％前後	正答率80％前後	正答率80％
試験範囲	1級・2級・準2級・3級	2級・準2級・3級	準2級・3級	3級
実施時期	5月、11月の年2回		随時 ※2025年春開始予定	随時
試験開催地	札幌・仙台・東京・横浜・さいたま・静岡・千葉・名古屋・京都・大阪・福岡をはじめ、全国の各都市にて開催		オンライン	オンライン

※特級 コスメコンシェルジュについては
巻末ページを参照ください

お申し込みは
公式ホームページ
から

各級の内容と試験範囲

日本化粧品検定には、特級、1級、2級、準2級、3級と5種類の検定試験があります。日本化粧品検定最上位の「特級 コスメコンシェルジュ」は、1級合格者だけが目指せる資格です。

3級

受験料無料　スマホでOK　最短5分

間違いがちな化粧品の知識について正解を学ぶ

間違いがちな化粧品の知識を正し、今よりワンランク上のキレイを目指します。Webで無料で受験できます。

3級受験はこちら

合格者には、合格証書（PDF）をメールでお届け！

15分間で、全20問にチャレンジ！
合格ラインは正答率80％（16問正解）。

※証書原本は有料発行
価格：3,300円（税込）

準2級

Web受験可　スマホでOK

キレイを引き出すための化粧品の基本的な使い方を学ぶ

スキンケア、メイクアップ、ボディケア、ネイルケアなどの化粧品の基本的な使い方とお手入れ方法を学びます。

準2級受験はこちら

（2025年春開始予定）

3級・準2級は、オンライン受験できます！

2級 〔文部科学省後援〕 ニキビ・毛穴・シミ・シワなど、肌悩みの対策を学ぶ

美容皮膚科学に基づいて、肌悩みに合わせたスキンケア、メイクアップ、生活習慣美容、マッサージなど、トータルビューティーを学びます。

皮膚の構造としくみ	肌悩みの原因とお手入れ	メイクテクニック	生活習慣美容	筋肉・ツボ・リンパ

1級 〔文部科学省後援〕 成分や中身を理解し、化粧品を見分ける知識を学ぶ

化粧品の中身や成分に加え、ボディケア、ヘアケア、ネイルケア、フレグランス、オーラル、化粧品にまつわるルールなど幅広い知識を学びます。

化粧品原料	スキンケア	メイクアップ	ヘアケア	フレグランス
	乳液の主な構成成分 （訴求成分） 界面活性剤 油性成分 水・水溶性成分 （保湿剤・エタノール・増粘剤など）			

- ボディケア
- ネイルケア
- オーラル
- サプリメント
- 法律
- 官能評価

▼

特級 コスメコンシェルジュ

化粧品を理解し、肌悩みに合わせた提案ができる「化粧品の専門家」

詳細は巻末ページでチェック！

合格を目指そう！おすすめの勉強法

開始

学習計画を"具体的に"立てる
毎日〇時〜〇時は勉強する、などスケジュールを決めて取り組みましょう。

STEP 1

『公式テキスト』を読み、内容を理解する
『公式テキスト』は項目ごとに収載されています。興味のあるページから読んでいくと楽しみながら勉強することができます。

STEP 2

『公式問題集』で問題に慣れる
知識があっても問題が解けるとは限りません。合格に向けて知識を定着させるなら、『公式問題集』を活用するのがベスト。

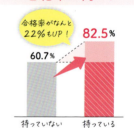

公式問題集購入者は、合格率が高い！

合格率がなんと22％もUP！

60.7％ → 82.5％

持っていない　持っている

※第19回日本化粧品検定2級における合格率比較（問題集購入者と非購入者との比較）

なぜ合格率に差があるの？
- 『公式問題集』からも一部出題される
- 付録の模擬試験（60問）が試せる
- 圧倒的な問題数と詳しい解説がある

『公式問題集』の購入はこちらから

直前

『公式テキスト』の検定ポイント、『公式問題集』の「要点チェックノート」や間違えた問題を最終確認
試験の頻出箇所である『公式テキスト』の検定ポイントを総ざらい。あわせて『公式問題集』の「要点チェックノート」で暗記箇所を復習し、間違えた問題を解き直しましょう。試験で正解できるよう最終チェックをしましょう。

さらに合格率が高まる参考書

検定試験に出る成分には㊜マークがついています！

マンガで楽しく解説！
『美容成分キャラ図鑑』

美容成分がマンガのキャラに！
260成分を収載しています。

『美容成分キャラ図鑑』の
購入は
こちらから

検定開催月以外でも受験できる認定スクール

5月・11月以外も受験可！
全国にある認定スクールの
講座＋試験を利用

試験つき対策講座を申し込むと、検定開催月以外でもスクール内で受験できます。

全国の
認定スクールは
こちらで検索！

認定スクールで合格率UP!

Web通信講座もご用意！

	1級		2級	
平均合格率	67.6%	85.6%	71.1%	84.1%
	平均合格率	対策講座を受講した場合*1	平均合格率	対策講座を受講した場合*1

※過去5回の合格率の平均値を集計
※認定校での受験には、同一校での講座受講が必須です
＊1 認定校で受講および受験した場合

化粧品の豆知識や勉強法など、検定に役立つ情報満載！

cosmeken cosme_kentei cosmekentei

化粧品工場の裏側や
化粧品の成分情報など、
レアな情報がいっぱい！

再生回数
220万!!

9

美容・化粧品の各分野のスペシャリストが50人以上！

最強の監修者のみなさん

※2級から監修範囲の掲載順に紹介しています

2級監修

佐藤伸一
（皮膚科学）

東京大学大学院医学系研究科皮膚科学 教授、医学博士、日本皮膚科学会 理事

1989年東京大学医学部医学科卒業。医学博士号を取得後、米国デューク大学免疫学教室への留学を経て、金沢大学医学部附属病院皮膚科に在籍する。その後、金沢大学大学院医学系研究科皮膚科学助教授を経て、2004年より長崎大学大学院歯学薬学総合研究科皮膚病態学教授へ。2009年から現職。膠原病、特に強皮症を専門とし、日本各地から患者が集まっている。強皮症に対する新規治療法の開発にも力を入れている。

吉崎歩
（皮膚科学）

東京大学大学院医学系研究科臨床カンナビノイド学 特任准教授・講座長

2006年長崎大学医学部卒業。米国デューク大学免疫学教室留学を経て、2014年東京大学医学部附属病院皮膚科助教、2015年東京大学大学院医学系研究科・医学部皮膚科学講師へ。2018年より東京大学医学部附属病院乾癬センター長兼任。2022年より現職。強皮症や血管炎をはじめとする自己免疫疾患を専門とし、患者診療に当たると同時に、臨床免疫学の分野においても活躍する。

田上八朗
（皮膚科学）

東北大学医学部 名誉教授、医学博士

1964年京都大学医学部卒業。同附属病院皮膚科を経て、1966年〜1968年にペンシルバニア大学医学部皮膚科研究員。1969年国立京都病院、京都大学医学部附属病院、浜松医科大学皮膚科助教授を経て、1983年東北大学医学部皮膚科教授、2003年同大学名誉教授、現在に至る。専門は皮膚科学、皮膚の炎症と免疫皮膚の生体計測工学。著書・国際学術論文多数。

相場節也
（皮膚科学
肌荒れ・安全性）

東北大学医学部 名誉教授、医学博士

1980年東北大学皮膚科入局、1988年アメリカの国立癌研究所留学を経て、1991年東北大学医学部皮膚科講師、助教授、2003年より東北大学大学院皮膚科学分野教授を務める。のちに、松田病院皮膚科部長、東北大学名誉教授。日本皮膚科学会専門医、日本アレルギー学会専門医。

芋川玄爾
（皮膚科学
スキンケア・
紫外線など）

宇都宮大学バイオサイエンス教育研究センター 特任教授、医学博士

つっぱらない洗浄剤・ビオレの開発者。肌表面角層内に存在する細胞間脂質の主成分である「セラミド」の、重要な機能としての水分保持機能（保湿機能）の発見者。アトピー性皮膚炎の発症が、角層のセラミド減少による乾燥バリアー障害に起因する乾燥バリアー病であることを見出し、老人性乾燥症やアトピー性皮膚炎のスキンケアへの応用を切り開いた。乾燥（老人性乾皮症/アトピー性皮膚炎）・シミ（紫外線色素沈着/老人性色素斑）・シワ/たるみの発生メカニズムを完全に解明し、スキンケア剤に関連するスキンケア研究の第一人者として、現在も研究を続けている肌のスペシャリスト。

櫻井直樹
（皮膚科学・
肌悩みと化粧品）

シャルムクリニック 院長

2002年東京大学医学部卒業。日本皮膚科学会、日本美容外科学会（JSAS）、日本レーザー医学会、日本抗加齢医学会専門医。国際中医師、日本臨床栄養協会サプリメントアドバイザー。都内有名美容外科の顧問も歴任。

山村達郎
（皮膚科学）

工学博士

大手化粧品メーカーで処方開発や新素材開発、皮膚計測による肌状態の評価などを担当したのち、製薬会社でスキンケア製品の有用性評価などを担当。医学部皮膚科学教室での皮膚保湿メカニズム研究など、皮膚測定、評価法の研究に長年携わり、日本香粧品学会評議員ならびに日本化粧品技術者会セミナー委員なども歴任。

佐藤隆
（皮脂膜、ニキビ（ざ瘡）、毛穴）

東京薬科大学薬学部 教授

東京薬科大学大学院薬学研究科にて博士（薬学）を取得。カンザス大学医学部にて博士研究員、その後東京薬科大学にて生化学、皮膚科学、生物系薬学分野の数々の研究論文を発表し、2014年に教授に就任。日本香粧品学会理事、日本痤瘡研究会理事、日本結合組織学会理事のほか、日本薬学会、日本皮膚科学会、日本研究皮膚科学会などに所属。

相澤浩
（ニキビ）

相澤皮フ科クリニック 院長

1980年旭川医科大学医学部卒業、東京医科歯科大学産婦人科教室入局。産婦人科での内分泌の専門から皮膚科へ転科。1987年東京慈恵会医科大学皮膚科学教室入局、東京慈恵医科大学第三病院皮膚科診療科長（講師）を歴任。1992年ニキビとホルモンの研究で医学博士となる。日本皮膚科学会皮膚科専門医。1999年相澤皮フ科クリニック開院。大人ニキビとホルモンバランスを学問で紐付けた第一人者。

竹内啓貴
（くま、シワ・たるみ）

シワ・たるみなどの基礎研究者

2003年信州大学繊維学部応用生物化学科卒業後、ポーラ化成工業へ入社。18年間シワ、たるみ、シミの基礎研究や新規有効成分開発に従事。2011年から2年間、米国Boston Universityにて光老化とシワの基礎研究を実施。皮膚科で最も権威ある論文への掲載など新規肌老化理論を提唱。帰国後はB.Aリサーチセンター長を務める。2021年にプレミアウェルネスサイエンスへ転職後、現在、株式会社I-neにてより市場に近い環境で新価値創出に携わっている。

竹岡篤史
（肌悩みと化粧品成分）

美容成分開発・機能性研究者 スキンケア成分専門家

ペプチドを用いた経皮ワクチンの開発を経て、企業においてスキンケア成分専科部門の立ち上げ、2002年より成分開発に従事。国内外においてスキンケア成分の探索と開発を中心に皮膚への効能研究を専門とする。2016年には「InCosmetics」にてオートファジー誘導成分にて、イノベーションアワード金賞を世界で初めてアジアから受賞。2020年・2023年にもバイオサイエンスメーカー、清酒メーカーと共同研究の末、開発した成分が海外アワードにて受賞。現在においても化粧品会社や製薬企業と共に共同研究・開発を続けている。

小林照子
（メイクアップテクニック）

美・ファイン研究所 創業者、
［フロムハンド］メイクアップアカデミー青山ビューティー学院高等部 学園長

大手化粧品会社にて美容研究、商品開発、教育などを担当。取締役総合美容研究所所長として活躍後、独立（1991年）。美とファインの研究を通して、人に、企業に、社会に向け、教育、商品開発、企画など、あらゆるビューティーコンサルタントビジネスを20年以上にわたり展開している。

小木曽珠希
（メイクアップカラー）

一般社団法人日本流行色協会
レディスウェア／メイクアップカラーディレクター

レディスウェアを中心に、メイクアップ、プロダクト・インテリアのカラートレンド予測・分析、企業向け商品カラー戦略策定のほか、色彩教育にも携わっており、色の基礎知識からトレンドカラーの使い方まで、幅広く教えている。
https://jafca.org/

渡辺樹里
（パーソナルカラー）

メイクカラーコンシェルジュ養成講座 講師

カラーサロン「jewelblooming」代表。パーソナルカラー診断人数は4,000人以上、著名人やインフルエンサーの診断実績も多数あり。商品やコンテンツの監修・カラーアドバイス、記事執筆やYouTube・インスタライブ出演など、イメージコンサルティングに関連する業務に幅広く携わっている。

井上紳太郎
（生活習慣美容）

岐阜薬科大学香粧品健康学講座 特任教授、薬学博士

1977年大阪大学、同大学院修了。鐘紡株式会社薬品研究所、1988年同生化学研究所研究室を経て、2004年カネボウ化粧品基盤技術研究所長に。2009年同執行役員（兼）価値創成研究所長、2011年同（兼）花王株式会社、総合美容技術研究所長を務め、2016年より現職。日本結合組織学会評議員・日本病態プロテアーゼ学会理事・日本白斑学会理事。

米井嘉一
（生活習慣美容・糖化）

同志社大学生命医科学部 教授、
日本抗加齢医学会理事・糖化ストレス研究会 理事長、
公益財団法人医食同源生薬研究財団 代表理事

1982年慶應義塾大学医学部卒業。抗加齢（アンチエイジング）医学を日本に紹介した第一人者として、2005年に日本初の抗加齢医学の研究講座である、同志社大学アンチエイジングリサーチセンター教授に就任。2008年から同志社大学生命医科学部教授。最近の研究テーマは老化の危険因子と糖化ストレス。

篠原一之
（睡眠・ホルモン）

長崎大学 名誉教授、
キッズハートクリニック外苑前 院長

1984年長崎大学医学部卒業。東海大学大学院博士課程修了後、横浜市立大学、バージニア大学などを経て長崎大学大学院医歯薬学総合研究科神経機能学教授に就任。日本生理学会、日本神経科学学会、日本味と匂学会など、そのほか所属学会多数。小児精神科・心療内科医師でもある。

宮下和夫
（サプリ・食事）

北海道文教大学健康栄養科学研究科 教授（研究科長）

東北大学農学部食糧化学科卒業後、北海道大学水産学部で34年間教鞭をとり教授を務める。のちに帯広畜産大学で3年間の特任教授を経て、現在は北海道文教大学健康栄養科学研究科の特任教授。北海道大学在職中は水産生物由来の機能性成分を中心に研究を行い、国際機能性食品学会会長などを歴任。

金子翔拓
（運動）

北海道文教大学医療保健科学部 教授、作業療法学科長、
リハビリテーション学科作業療法学 専攻長

2006年作業療法士免許取得。札幌東徳洲会病院、篠路整形外科勤務（事務長、リハビリ室長）、2012年より北海道文教大学作業療法学科講師を務め、2014年札幌医科大学大学院博士課程後期修了（作業療法学博士）。2022年より、同教授、学科長に就任。

早坂信哉
（入浴）

東京都市大学人間科学部 教授、医学博士、
温泉専門療法医、日本入浴協会 理事

自治医科大学大学院医学研究科修了。浜松医科大学准教授、大東文化大学教授などを経て、現在、東京都市大学人間科学部教授。日本入浴協会理事、一般社団法人日本健康開発財団温泉医科学研究所所長として、生活習慣としての入浴を医学的に研究する第一人者。テレビ、講演などで幅広く活躍中。

石川泰弘
（睡眠・入浴）

日本薬科大学医療ビジネス薬科学科スポーツ薬学コース 特任教授、
順天堂大学スポーツ健康科学研究科 協力研究員

株式会社ツムラ、ツムラ化粧品株式会社、株式会社バスクリン、大塚製薬株式会社を経て、現職。トップアスリートをはじめ多くの人に入浴や睡眠、温泉を活用した疲労回復や美容に関する講演を実施。書籍の執筆も行う。「お風呂教授」としてテレビや雑誌、ラジオへの出演も多数。

佐藤佳代子
（表情筋・リンパ）

さとうリンパ浮腫研究所 代表

20代前半にドイツ留学。リンパ静脈疾患専門病院Földiklinikにおいてリンパ浮腫治療および専門教育について学び、日本人初のフェルディ式「複合的理学療法」認定教師資格を取得。日々、リンパ浮腫治療を中心に、医療機器の研究開発、治療法の普及、医療職セラピストおよび指導者の育成、医療機関や看護協会等の教育機関において技術指導、技術支援などに取り組む。

折橋梢恵
（表情筋・ツボ）

一般社団法人美容鍼灸技能教育研究協会 代表理事、
美容鍼灸の会美真会 会長

はり師・きゅう師、鍼灸教員資格、日本エステティック協会認定エステティシャン、コスメコンシェルジュ®インストラクター。鍼灸とエステティックを融合した総合美容鍼灸の第一人者。白金鍼灸サロンフューム 代表、日本医学柔整鍼灸専門学校および神奈川衛生学園専門学校非常勤講師。執筆、講演など多数。

1級監修

村田孝子
（歴史）

江戸・東京博物館 外部評価委員、
前ポーラ文化研究所化粧文化チーム シニア研究員

青山学院大学文学部教育学科卒業。ポーラ文化研究所入所。主に日本と西洋の化粧史・結髪史を調査し、セミナー講演、展覧会、著作などで発表。鎌倉早見芸術学院、戸板女子短期大学ともに非常勤講師として美容文化を教える。ビューティサイエンス学会理事長。2005年～2006年、国立歴史民俗博物館・近世リニューアル委員や2014年～江戸・東京博物館外部評価委員も務める。

内藤昇
（化粧品原料）

公益財団法人コーセーコスメトロジー研究財団 評議委員

1977年株式会社コーセー入社、研究所配属。2007年執行役員研究所長、2009年取締役研究所長、2014年常務取締役研究所長、2018年役員退任、2020年退職、現在化粧品関連会社の技術顧問を務める。化粧品製剤開発、コロイド界面化学、リポソームが専門分野。"リポソーム化粧品の生みの親"。日本化学会、日本化粧品工業連合会、日本化粧品技術者会などの役職を歴任。一般社団法人化粧品成分検定協会理事を務める。

坂本一民
（界面活性剤）

東京理科大学 客員教授、
元千葉科学大学薬学部生命薬科学科 教授

理学博士（東北大学）。味の素株式会社・株式会社資生堂・株式会社成和化成を経て、千葉科学大学薬学部教授として製剤/化粧品科学研究室創設。界面科学・皮膚科学に関する研究論文・講演多数。第39回日本油化学会学会賞受賞、日本化学会フェロー、横浜国立大学・信州大学・東京理科大学客員教授、東北薬科大学・首都大学東京非常勤講師などを歴任。ISO/TC91(Surface active agents)議長、IFSCC Magazine Co-Editor。

浅賀良雄
（微生物分野）

元日本化粧品工業連合会 微生物専門委員長

株式会社資生堂にて微生物試験、防腐剤の効果試験などに従事。安全性・分析センター微生物研究室長などを歴任。第9回IFSCC（国際化粧品技術者会）にて防腐剤研究で名誉賞受賞。1997年～2006年日本化粧品工業連合会微生物専門委員長、2000年～2006年ISO/TC217（化粧品）の日本代表委員を務めた。株式会社資生堂退職後も微生物技術アドバイザーとして、多くの企業、技術者に指導を行っている。

宮下忠芳
（スペシャルケア・
男性化粧品）

東京農業大学農生命科学研究所 客員教授、生物産業学 博士、
一般社団法人食香粧研究会 副会長

信州大学繊維学部を卒業。株式会社コーセー化粧品研究所、株式会社シムライズ（旧ドラゴコ）香港の日本支社各員を経て、株式会社クリエーションアルコス代表取締役、株式会社ディーエイチシー主席顧問などを歴任する。現在は株式会社シンビケン代表取締役CEO、株式会社ビープロテック代表取締役CEOや東京農業大学食香粧研究会副理事長も務める。文科省後援健康管理能力検定1級を取得するなど健康管理士一級指導員でもある。

髙柳勇生
（石けん）

株式会社ペリカン石鹸品質保証部 部長

東京都立大学理学部化学科卒業。株式会社資生堂に入社。主に化粧石鹸やトイレタリー製品の技術開発に従事。1994年から3年間、石鹸用原料開発のためインドネシア（スマトラ州）の脂肪酸会社に駐在。帰国後、資生堂久喜工場長、資生堂鎌倉工場長を経て定年後に、現職。石鹸技術に40年以上関わっている。

友松公樹
（ボディケア
化粧品）

ライオン株式会社研究開発本部（中国）グループマネージャー

制汗デオドラント剤の基礎研究から国内外向けの処方開発、スケールアップ検討だけでなく、生活者研究、特許出願や執筆など幅広い業務に従事。近年は中国に駐在、上海の研究新会社の立ち上げに参画し、オーラルケア分野を中心に中国市場向けの製品および価値開発マネジメントを行っている。

辻野義雄
（毛髪科学・
ヘアケア化粧品）

神戸大学大学院科学技術イノベーション研究科 特命教授、理学博士

神戸大学大学院自然科学研究科にて博士号（理学）を取得。老舗の頭髪化粧品メーカーや外資系化粧品メーカーなど多くの研究所の責任者として、頭髪化粧品を中心に広く化粧品分野の基礎研究や商品開発に従事。その後、大学に移り、薬学や農学（食品科学系）、経営学で教授を務めながら、産総研や東京都の研究所のアドバイザー、国内外の化粧品関連企業の取締役やコンサルタントを務める。現在は神戸大学大学院科学技術イノベーション研究科にてイノベーティブ・コスメトロジー共同研究講座を開設し、化粧品開発の基礎から社会実装までの研究と、幅広く対応できる人材の育成に取り組んでいる。

高林久美子
（毛髪科学・
ヘアケア化粧品）

東京医薬看護専門学校化粧品総合学科 講師

化粧品処方アドバイザー。ルピナスラボ株式会社 代表取締役。トイレタリー会社、化粧品会社にて基礎研究、商品開発に従事。その後、専門学校にて化粧品関連科目（主に実習科目）を担当。ルピナスラボ株式会社を設立。ほかに白鷗大学、放送大学、東京バイオテクノロジー専門学校非常勤講師。

荻原毅
（メイクアップ化粧品）

メイクアップ化粧品 処方開発者

青山学院大学理工学部卒業。大手化粧品会社で製品開発、基礎研究、品質保証に従事。2011年早期退職し化粧品開発コンサルタントとして独立。2012年ルートレプロジェクトを設立し、CEOとして経営・開発コンサルティング、エキストラバージンオリーブオイルの輸入販売およびその健康増進効果の研究を行っている。

鈴木高広
（ベースメイクアップ化粧品）

近畿大学生物理工学部 教授

名古屋大学農学博士（食品工業化学専攻）、マサチューセッツ工科大学、通産省工業技術院、英国王立医科大学院、東京理科大学を経て、2000年から合成マイカの開発に従事。2004年に世界最大手の化粧品会社に移り、ファンデーション技術開発リーダーとしてブランド力と中国・東南アジア市場を拡大。2010年より現職。多様な経験と知識や視点をもち、肌を美しく彩る製品開発に技術力で挑戦する。

日比博久
（メイクアップ化粧品）

メイクアップ化粧品 処方開発者

株式会社日本色材工業研究所研究開発部で30年間、主にメイクアップ化粧品の研究開発と生産技術開発に従事。開発した製品は1,000品以上、国内、海外大手をはじめとする化粧品メーカーから数多くのヒット商品を生み出す。すべての人が美しくなるためにできることを「モノづくり」だけでなく、常に追求している。

木下美穂里
（ネイル化粧品）

NPO法人日本ネイリスト協会 理事

メイクアップ＆ネイルアーティストとして広告・美容・ネイル業界で活躍。数々のブランドのクリエイターとしても活動。現在、ビューティーの名門校「木下ユミ・メークアップ＆ネイル アトリエ」校長。同校の卒業生は13,000人を超える。老舗ネイルサロン「ラ・クローヌ」代表。令和3年度東京都優秀技能者（東京マイスター）知事賞受賞。著書多数。

藤森嶺
（香料）

東京農業大学 客員教授、一般社団法人フレーバー・フレグランス協会 代表理事

早稲田大学卒業、東京教育大学（現・筑波大学）大学院理学研究科修士課程修了、農学博士（北海道大学）。元東京農業大学生物産業学部食香粧化学科教授、東京農業大学オープンカレッジ講師。一般社団法人フレーバー・フレグランス協会代表理事。農芸化学奨励賞（日本農芸化学会、1979年）、業績賞（日本雑草学会、1999年）受賞。

櫻井和俊
（香料）

一般社団法人フレーバー・フレグランス協会業務執行理事、静岡県立静岡がんセンター研究所 非常勤研究員、農学博士

1975年千葉大学工学部卒業。1975年～2017年、高砂香料工業（株）で不斉合成法を用いた新規香料、香粧品用素材および医薬中間体の研究開発に関わった。1989年農学博士（東京大学）。2014年より静岡県立静岡がんセンター研究所非常勤研究員、現在に至る。東京工科大学、東海大学医療技術短期大学、徳島文理大学などで非常勤講師。2020年日本農芸化学会企業研究活動表彰。

MAHO
（フレグランス）

日本調香技術者普及協会 理事、フレグランスアドバイザー

香水の魅力や心に届く香りの感性を伝えるため、メディアやイベント・セミナー、製品ディレクションなど多岐に活動し、日本でのフレグランス文化啓発や市場拡大にも貢献。米国フレグランス財団提携の日本フレグランス協会常任講師。

三谷章雄
（オーラル）

愛知学院大学歯学部附属病院 病院長、
日本歯周病学会 常任理事・専門医・指導医、
日本再生医療学会 再生医療認定医、AAP会員

2000年愛知学院大学大学院歯学研究科修了博士（歯学）を取得。2007年グラスゴー大学グラスゴーバイオメディカルリサーチセンターを経て、2014年愛知学院大学歯学部歯周病学講座 教授を務め、2023年からは愛知学院大学歯学部附属病院病院長。

小山悠子
（オーラル）

医療法人明悠会 サンデンタルクリニック 理事長

日本大学歯学部卒業。医療法人社団明徳会福岡歯科勤務、福岡歯科サンデンタルクリニック院長を経て、2010年独立開業し現職。自然治癒力を生かす歯科統合医療を実践。日本歯束東洋医学会専門医、日本催眠学会副理事長。バイデジタルO-リングテスト学会認定医、国際生命情報科学会評議員、日本統合医療学会認定歯科医師、東京商工会議所新宿支部評議員など。

佐藤久美子
（オーガニック）

仏コスミーティングオーガニックコスメ部門 評議員

株式会社SLJ代表取締役。世界の正しいオーガニック由来の化粧品を日本総代理店として輸入販売を行う傍ら、オーガニック製品のセレクトショップ「オーガニックマーケット」を主宰。また2006年より仏コスミーティングの評議員を日本人で唯一務め、オーガニックコスメ市場において海外と日本の橋渡しを担っている。

松永佳世子
（安全性・
皮膚トラブル）

藤田医科大学 名誉教授、医学博士、一般社団法人SSCI-Net 理事長、
医療法人大朋会刈谷整形外科病院 副院長、
日本皮膚科学会 専門医、日本アレルギー学会 専門医・指導医

1976年名古屋大学医学部卒業。1991年藤田保健衛生大学医学部皮膚科学講師を務め、2000年より同講座教授に就任。2016年同大学アレルギー疾患対策医療学教授、同年より藤田医科大学名誉教授に就任。2024年から現職。専門分野は接触皮膚炎、皮膚アレルギー、化粧品の安全性研究。

逸見敬弘
（安全性試験）

株式会社マツモト交商安全性試験部 部長、
日本化粧品工業会安全性部会 委員、管理栄養士

化粧品原料および化粧品製剤の安全性・有用性評価試験などの受託サービスに従事。日本を含む海外のGLP適合試験機関および臨床試験受託機関に委託し、化粧品ほか、医薬部外品、食品、機能性素材など、幅広い分野における安全性の確認から有用性の評価（in vitro試験・ヒト臨床試験）まで、多様なエビデンスを提供している。

岡部美代治
（官能評価）

ビューティサイエンティスト

大手化粧品会社にて商品開発、マーケティングなどを担当し2008年に独立。美容コンサルタントとして活動し、商品開発アドバイス、美容教育などを行うほか、講演や女性誌からの取材依頼も多数。化粧品の基礎から製品化までを研究してきた多くの経験をもとに、スキンケアを中心とした美容全般をわかりやすく解説し、正しい美容情報を発信している。

長谷川節子
（官能評価）

日本官能評価学会 委員（専門官能評価士）

スキンケアからメイクアップ、ヘアケア、ボディケアまで化粧品全般の使用感や香りを担当。強いブランドづくりには、お客さまに五感で感じていただける満足価値が必須であると考える官能評価専門士。これまでに評価した化粧品は数万を超える。

柳澤里衣（法律）

弁護士（東京弁護士会）

早稲田大学大学院法務研究科修了。その後、弁護士法人丸の内ソレイユ法律事務所に入所し、現在に至る。同事務所の販促・プロモーション・広告法務部門に所属し、化粧品・美容業界などの顧問先企業に対し様々なリーガルサービスを提供する傍ら、離婚や相続等の家族法案件にも取り組んでいる。

稲留万希子（広告表現・ルール）

DCアーキテクト株式会社 取締役、薬事法広告研究所 代表

東京理科大学卒業後、大手医薬品卸会社を経て薬事法広告研究所の設立に参画、副代表を経て代表に就任。数々のサイトや広告物を見てきた経験をもとに、"ルールを正しく理解し、味方につけることで売上につなげるアドバイス"をモットーとし、行政の動向および市場の変化に対応しつつ、薬機法・景表法・健康増進法などに特化した広告コンサルタントとして活動中。メディアへの出演、大型セミナーから企業内の勉強会まで、講演も多数。

矢作彰一（成分表）

株式会社コスモステクニカルセンター 代表取締役社長、生物工学博士

筑波大学大学院修士課程バイオシステム研究科、同生命環境科学研究科博士後期課程修了。2001年株式会社コスモステクニカルセンター機能評価部入社。2002年慶應義塾大学医学部共同研究員に。2015年株式会社コスモステクニカルセンター研究戦略室に在籍し、現在、ニッコールグループ株式会社コスモステクニカルセンター代表取締役社長。

全ジャンルのスペシャリスト　総合監修

伊藤建三

東京理科大学理学部卒業。株式会社資生堂研究所に入社、基礎化粧品、UVケア、ボディケア化粧品、乳化ファンデーション等多岐に渡る製品開発研究に従事。スキンケア研究部長、工場の技術部長、新素材開発の研究所長を歴任。株式会社資生堂を退職後、皮膚臨床薬理研究所において基礎化粧品、ヘアケア商品、香料高配合商品、防腐剤フリー商品、ナノ乳化商品等多岐に渡る製品開発にあたる。安全性ではパッチテスト、有用性ではシワテストを主管しており、業界でも信頼度が高い。また、研究開発のコンサルティング、研究技術指導もおこない幅広く活躍している。

藤岡賢大（全範囲）

日本化粧品検定協会 理事、薬剤師

f・コスメワークス 代表。大手・中堅化粧品企業にて処方開発・品質保証など担当後、外資系企業にて紫外線吸収剤・高分子など化粧品原料の市場開拓・技術営業を担当。40年以上の幅広い業界経験×最新技術情報×グローバル視点で、「人の役に立つこと」をモットーに、化粧品企業の開発・品質・薬事などをマルチサポート。

白野実（全範囲）

化粧品開発コンサルティング、スキンケア化粧品 処方開発者

化粧品の処方開発に23年間、品質保証・薬事業務に3年間従事してきた経験をもとに、こだわりの化粧品をつくりたい人や企業、化粧品開発者の助けとなるべく化粧品開発・技術コンサルティング会社の株式会社ブランノワール、加えて一般社団法人美容科学ラボとの協業体であるコスメル（COSMEL）を設立し活躍中。

中田和人（全範囲）

化粧品開発コンサルティング、技術アドバイザー

大手メーカーにて、安全性や処方開発、企画に23年従事し、商品開発における業務全般に携わる。合同会社コスメティコスを主宰し、化粧品開発コンサルティングを行いながら、日本化粧品検定協会顧問として協会主催の検定対策セミナーも数多く行い、わかりやすい講義に定評がある。正しい知識の普及や若手育成にも取り組んでいる。

17

CONTENTS

はじめに ････････････････････････････････ 002
本書の使い方 ････････････････････････････ 003
日本化粧品検定とは？ ････････････････････ 004
最強の監修者のみなさん ･･････････････････ 010
準2級の内容を覗き見！ ･･･････････････････ 020

PART 01 皮膚の構造としくみ ･･････････ 023

1. 皮膚の構造 ･････････････････････････ 024
　皮膚表面の構造 ･････････････････････････ 026
　表皮の構造としくみ ･････････････････････ 028
　表皮のターンオーバー ･･･････････････････ 030
　皮膚がもつバリア機能 ･･･････････････････ 032
　真皮の構造としくみ ･････････････････････ 034
　皮膚の付属器官 ･････････････････････････ 038
2. 皮膚の作用 ･････････････････････････ 040

PART 02 肌タイプの見分け方とお手入れ ･･ 043

　肌タイプと見分け方 ･････････････････････ 044

PART 03 肌悩みの原因とお手入れ ･･･････ 048

1. 乾燥 ･･･････････････････････････････ 049
2. ニキビ（尋常性ざ瘡） ･･･････････････ 056
3. 肌荒れ ･････････････････････････････ 065
4. 毛穴 ･･･････････････････････････････ 070
5. シミ ･･･････････････････････････････ 074
6. くすみ ･････････････････････････････ 080
7. くま ･･･････････････････････････････ 084
8. シワ・たるみ ･･･････････････････････ 088

PART 04 骨格に合わせたメイクアップ ･･･ 097

1. ベースメイクアップテクニック ･･･････ 098
2. ポイントメイクアップテクニック ･････ 115
3. パーソナルカラー ･･･････････････････ 131

PART 05 肌を劣化させる要因 137

1. 外的要因 139
空気の乾燥 139
空気の汚れ 140
紫外線 141

2. 内的要因 154
加齢（自然老化） 154
食生活の乱れ 155
代謝不良 156
ホルモンバランスの乱れ 157
ストレス 162

3. 外的要因 + 内的要因 166
酸化 166
糖化 169

PART 06 生活習慣美容 170

1. 睡眠 171
2. 食事と飲み物 176
3. 運動 184
4. 入浴 187

PART 07 筋肉・ツボ・リンパ 191

1. 筋肉（表情筋） 192
2. 美容に役立つ顔の「ツボ」 196
3. リンパ 198

例題にチャレンジ ..... 042・114・190
美にまつわる格言・名言 ..... 042・130・136
日本化粧品検定1級にステップアップ！ 204
スキルアップ・キャリアアップにも役立つ資格 208
索引 214
参考資料・おもな化粧品成分 218
参考文献・資料 230
おわりに 231

> 2級の試験でも出題される！

準2級の内容を覗き見！

2級の試験問題には、準2級の問題も必ず出題されます。
準2級は、試験勉強はもちろん、日々の美容に活かせる楽しい基礎知識も満載です！

〈 洗顔の手順 〉

検定POINT

スキンケア

シャンプーやトリートメントなどのすすぎ残しが顔についてしまうことがあるため、**洗顔は髪を洗った後**にしようね！

1 手を洗う

手に油汚れがあると、洗顔料の泡立ちが悪くなります。顔を洗う前は手を洗い、清潔な状態にします。

2 予洗いする

乾いた肌に洗顔料をつけると、**洗浄成分が直接肌に付いて刺激**になる場合があります。あらかじめ顔全体をぬるま湯でぬらしましょう。

3 泡立てる

手のひらで空気を含ませるように洗顔料を泡立てます。水を足しながら**レモン1個分**くらいの大きさになるようにできるだけ**細かい泡**を立てましょう。

4 Tゾーンを洗う

額、**鼻やあご先は、皮脂量が多いので、まずこの部分**から泡をのせます。くるくると泡を転がすように、**指が皮膚に触れないくらいのやさしいタッチ**で洗いましょう。**小鼻**のまわりは、**薬指の腹**を使って丁寧に洗います。

5 Uゾーンを洗う

両頬と口の下のUゾーンに泡をのせ、同じように泡を**転がすように**やさしく洗います。最後に、**皮膚が薄い目元と唇**を特にやさしく洗います。

6 すすぐ

すすぎは、**体温（36℃前後）より低く、少し冷たく感じる32～34℃のぬるま湯**で行います。すすいだ後は、やさしくタオルを当て、水気を吸い取ります。

> ネイルケア

> スキンケア・メイク・ヘアケア・ボディケア・ネイルケアなど、すべてのお手入れの基本がわかる！

〈 長さを大幅に変える場合の整え方 〉

爪が長くなりすぎてしまった場合には、爪切りやネイルニッパーでカットしてもかまいません。正しい切り方で爪へのダメージを抑えましょう。

1 爪の端から切る

爪が割れやすいところ

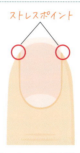

端から徐々に、爪のカーブに沿わせて適切な長さに切ります。爪切りで中央から切ると、両端の**ストレスポイント**に衝撃が加わり、そこから爪が欠けたり割れが生じたりすることがあります。

ストレスポイントとは、**爪が肌から離れ始める両端部分**のこと。外部からの衝撃や圧迫、負荷を受けやすく、**ここを起点に爪の亀裂や割れ**が起こりやすい。

2 エメリーボード（ネイルファイル）で整える

爪切りでカットすると、爪の先端に目に見えない細かいヒビができます。エメリーボードで整えて細かいヒビをなくすことで、**爪の割れや2枚爪の防止**になり、美しい爪の形を保つことにつながります。

仕上げに、**エメリーボード**を**一方向**に動かして、カットした面を整えます。

準2級を学ぶことで、こんな疑問が解決できます

クレンジング料って顔のどこからつける?

コットンを使って化粧水をつける**メリット**って?

ハイライトとシェーディングってどこに入れたら小顔に見える?

毎日使うパフやスポンジどうやって洗うの?

身体の中で**しっかり洗わなくちゃならないのはどこ**?

お風呂に入ったら、**顔・身体・髪**どこから洗うの?

キレイになる最短ルートは、まず**基本を知る**ことから!
準2級もしっかり学んで、2級の合格を目指そう!

〈 準2級の例題にチャレンジ! 〉

問題

乳液やクリームについての記述として、適切なものを選べ。

1. 乳液には、一般的にクリームよりも油分が多く含まれるため、クリームの後に使用するとよい
2. 乳液やクリームには油分が含まれるため、皮脂が多いTゾーンからなじませるとよい
3. 乾燥しやすい目元には、重ねづけするとよい

【解答】3

2025年春スタート予定

2級合格を目指すなら、準2級も大事!

準2級の詳細はこちらから

準2級はオンラインでいつでもどこでも受験ができます!

準2級のテキスト購入はこちらから

PART

01

皮膚の構造としくみ

私たちが肌とよんでいるのは「皮膚」という部分で

見た目の印象を決める要素の1つであるだけでなく

私たちの生命を維持するうえでも重要な働きをしています。

基本的な知識を身につけておくことは

健やかな肌を保つことと正しいお手入れへとつながります。

このパートでは、皮膚の基本的な構造や働きについて学びましょう。

正しい知識を
身につけよう！

01 皮膚の構造としくみ

1 皮膚の構造

皮膚の構造を断面図で確認しましょう

皮膚は、私たちの**身体全体を覆い生命活動を守る器官**で、**人体最大の臓器**です。皮膚には体内の**水分**を保持したり、**外部からの異物の侵入を防ぐ役割**があります。また、暑いときに**汗**をかくことで**体温**を調節したり、**痛みや熱さ・冷たさ**などを感じることで**身体を危険から守る役割**も果たしています。

皮膚は、**表皮・真皮・皮下組織**という3つの層に分けられます。それぞれの層はさらに細かく分けられ、特徴的な細胞や成分が含まれます。

- 皮膚の面積　約**1.6㎡**（成人）
- 皮膚（表皮＋真皮）の厚さ　約**2.0**mm
  ※部位により異なり、約**0.6〜3.0**mm
- 皮膚の重さ　体重の約**16％**

さらに付属器官として**汗腺・皮脂腺・毛・爪**などがあります。皮膚構造の断面図とともに、各部位の働きを確認しましょう。

表皮＋真皮（約2.0mm）

検定POINT 3つの層に分かれています

表皮（約0.2mm）
目に見える一番外側の部分。
外界のさまざまな刺激から身体を守る**保護壁**として働きます。

真皮（約1.8mm）
表皮の下にあり、**皮膚のハリと弾力を保つ中心的な部分。**
表皮と真皮は**基底膜**を介して結合。真皮には**毛細血管**や**皮脂腺**、**汗腺**をはじめとする重要な器官が集まっています。真皮は主に**線維**と**基質**で構成され、他に細胞もあります。

皮下組織
皮膚の3層構造のもっとも深い位置にあり、**真皮とその下にある筋肉・骨とをつなぐ部分。**
大部分が**脂肪細胞**で構成され、**脂肪**をつくり蓄える働きがあり、**外部からの物理的刺激をやわらげるクッションの役割**や保温機能にも重要な役割をもちます。

皮膚は最大の臓器なんだ！

皮膚構造の断面図

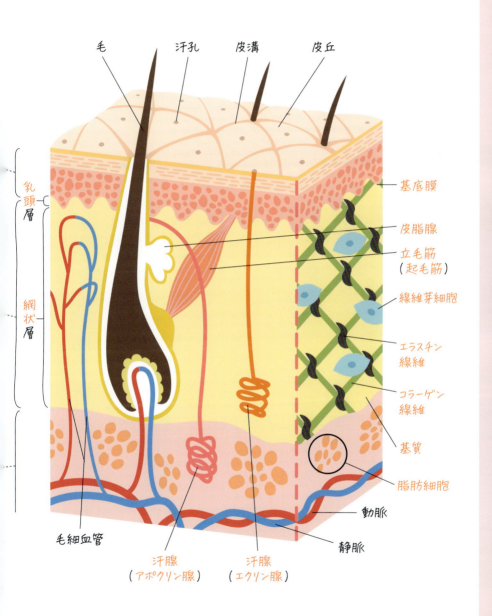

皮膚表面の構造

検定POINT

皮膚といっても、私たちが見ているのは皮膚表面です。皮膚表面は**平坦ではなく**、**皮溝**とよばれる多数の溝があります。**皮溝**で囲まれる部分は**皮丘**とよばれ、その**三角形やひし形などの多角形の紋様**を、**きめ**といいます。

また皮膚表面には**毛孔**と**汗孔**があります。

毛孔（毛穴）（もうこう）

- 毛穴ともよばれる毛の出口。
- 皮溝が交差しているところにある孔（穴）。

汗孔（かんこう）

- 汗の出口（穴）。
- 皮丘の中心部にある。

皮膚表面のClose Up

きめ（肌理）

- 皮溝と皮丘からつくられる紋様。
- きめがあることで、肌は自在に伸縮できます。また、汗や皮脂を適度に保持し、水分蒸発を調節する役割もあります。

皮溝（ひこう）

- 網目状の細かい溝。
- 加齢に伴い溝が浅く不鮮明になり、数も減少します。

皮丘（ひきゅう）

- 皮溝に囲まれた、皮膚がわずかに盛り上がっているところ。
- 形状は三角形やひし形などの多角形。

横からの断面

01 皮膚の構造としくみ

〈 きめの形状による見た目の違い 〉

きめは肌状態の良し悪しで変化し、見た目や化粧のりにも影響します。美しい肌の条件の1つでもある「きめが整う」とは、きめの形状が細かく均一できれいに並んだ状態をさします。皮溝の間が狭く、浅すぎず適度な深さの皮膚は、きめが整い、なめらかです。一方で、きめの形状が不均一になると、皮膚表面の凹凸が目立ちます。

	きめの状態	皮溝と皮丘の状態	起こりやすい肌タイプ
きめが整った肌	きめの一つひとつが細かく均一な状態	皮溝と皮丘の凹凸がはっきりしている	普通肌
きめが乱れた肌	きめが流れている	皮溝、皮丘はあるがきめが不均一で、一方向に流れているように見える	乾燥肌
	きめが粗い	皮溝のつながりが、ところどころなくなり、きめの形状も不均一で大きい	脂性肌
	きめが不鮮明	皮溝、皮丘が明瞭でなくなり、形状も乱れている。ところどころ、境目がはっきりしていない	乾燥肌 ※加齢によっても起こりやすい

皮溝・皮丘や毛孔の状態は一人ひとり違います。性別や年齢によってその特徴は異なり、一般的に年齢が若いほど、性別では女性のほうが男性よりもきめが整った肌をしています。また、同じ人でも加齢や体調、気温や湿度、紫外線の影響などで変化します。

01 皮膚の構造としくみ

\ 肌のきめ・ツヤを左右する /

表皮の構造としくみ

検定POINT

皮膚の最も外側に存在する表皮は、**体内の水分を保持したり、外部からの異物の侵入を防ぐバリアとして機能し、外界の影響から身体を守るために大切な役割**を果たしています。

表皮の構成成分
・**表皮角化細胞**（ケラチノサイト）…95%
・メラノサイト・ランゲルハンス細胞など…5%

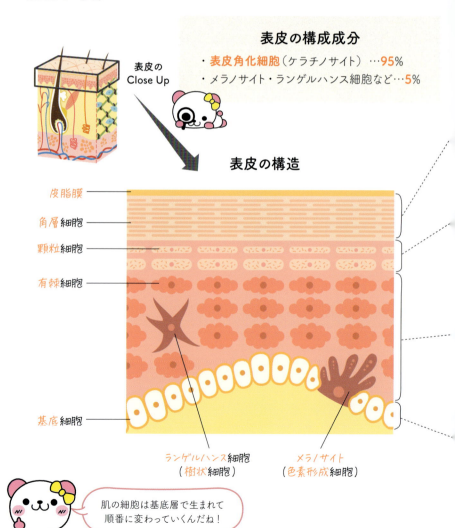

表皮のClose Up

表皮の構造

- 皮脂膜
- 角層細胞
- 顆粒細胞
- 有棘細胞
- 基底細胞

ランゲルハンス細胞（樹状細胞）
メラノサイト（色素形成細胞）

肌の細胞は基底層で生まれて順番に変わっていくんだね！

バリア機能を担う

角層

表皮の一番外側にある層。

顆粒細胞から角層細胞になる過程で**核が失われ**、死んだ細胞になります。角層細胞は落ち葉を敷きつめたように**10～20層重なって角層をつくり**、やがて垢（アカ）となって表面からはがれ落ちていきます。角層細胞の中には**NMF（天然保湿因子）**があり、細胞外は**細胞間脂質**などで満たされています。さらに角層表面には**皮脂膜**があります。これらが乾燥だけでなく外部から受ける刺激からも身体を守るバリア機能として働きます。

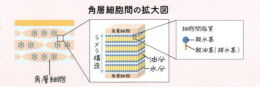

角層細胞間の拡大図

保湿成分をつくる

顆粒層（かりゅうそう）

角層のすぐ下にあり、細胞内に顆粒（ケラトヒアリン顆粒）をもつ扁平な形をした**顆粒細胞**が2～3層重なっている層。

顆粒細胞がターンオーバーにより**角層細胞**に変化する過程で**ケラトヒアリン顆粒を構成するタンパク質が分解され、生成したアミノ酸がNMFの主成分になります**。また別の顆粒である**層板顆粒から脂質が放出され、角層の細胞間脂質になります**。

酸素や栄養を受け取る

有棘層（ゆうきょくそう）

基底細胞の分裂で生まれた有棘細胞が5～10層重なっている層。

細胞同士が棘で結ばれているように見えます。有棘細胞は、真皮内の血管やリンパ管から基底膜を通して酸素や栄養を受け取ります。層の上層になるにつれて、細胞内では角層や顆粒層を構成するタンパク質がつくられ、やがて顆粒層に移行します。また、皮膚の免疫機能を担う**ランゲルハンス細胞もここに存在します**。

新しい細胞を生み出す

基底層（きていそう）

表皮の一番下にある層。

縦長の基底細胞が1層に並んでいます。基底細胞は、分裂すると1つは基底層に残り、もう1つは**新しい表皮角化細胞**になります。**メラノサイトはここに存在**し、紫外線から肌を守る色素（**メラニン**）を合成します。

01 皮膚の構造としくみ

検定POINT　表皮のターンオーバー

表皮の生まれ変わりのことを**ターンオーバー**とよびます。表皮角化細胞は、基底層の基底細胞が分裂することで新しくつくられます。その後、有棘細胞から顆粒細胞へと形状や性質を変化させながら、**約2週間で角層に到達し角層細胞になります（角化）**。角層細胞は**約2週間（頬は約14日、額は約9日、前腕は約16～18日）角層にとどまって皮膚を保護する**ために働き、やがて**垢となってはがれます**。ターンオーバーの周期は、一般的に約**4**週間（基底細胞がつくられる約**2**週間を含めると約**6**週間）が理想といわれています。

理想的な表皮のターンオーバーのしくみ

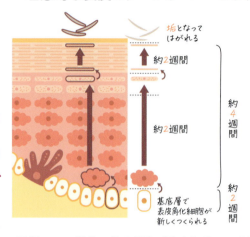

〈 ターンオーバーが乱れる原因 〉

ターンオーバーの周期は速すぎても遅すぎても問題があります。その速度は、部位や年齢、体調や肌状態などの影響も受けるため、実際の周期には**ばらつきがみられます**。

遅くなる原因：加齢

状態: **加齢とともに基底細胞の機能が低下するため、ターンオーバーは遅くなります**。また、余分な角質がはがれにくくなります

肌への影響: 角層が厚くなることで**くすみなどの原因**になります

速くなる原因：紫外線・肌荒れ

状態: **紫外線によるサンバーンや肌荒れによる炎症が起こっている状態では、ダメージを早く回復しようとしてターンオーバーの周期は速まります**。また、過度の洗顔や摩擦などでダメージを受けると、年齢に関係なく、周期は速まる傾向にあります

肌への影響: 角層細胞に**核が残ったまま**になったり、NMFや細胞間脂質が十分につくられなくなったりすることにより、バリア機能が低下し、**肌荒れなどの原因**になります

検定POINT 表皮がもつ防御機能

表皮には表皮角化細胞のほかに**ランゲルハンス細胞**や**メラノサイト**があり、免疫機能や紫外線防御機能などを担っています。

> 表皮1mm²あたり400〜1,000個存在

ランゲルハンス細胞（樹状細胞）

皮膚の免疫機能として重要な役割を果たす細胞。
皮膚に**異物が侵入**するといち早く察知し、ほかの**免疫細胞**へその情報を伝えます。**免疫のしくみによって異物を排除するよう働き**、皮膚の健康状態を保つために大切な役割を担っています。

> 表皮1mm²あたり1,000〜1,500個存在

メラノサイト（色素形成細胞）

基底細胞の間に点在する、**樹状突起**をもつ細胞。
メラノサイトの数は、人種や個人の肌色に関係なくほぼ一定です。メラノサイト内には**メラノソーム**というラグビーボールのような形の袋があり、その中でメラニンがつくられます。つくられたメラニンは、樹状突起からまわりの表皮角化細胞へ引き渡され、やがて**ターンオーバーによって排出**されます。

メラニンができるまで

チロシナーゼという酵素がチロシン（アミノ酸の一種）を**ドーパ**、**ドーパキノン**へと**酸化**させます。**ドーパキノン**は反応性が高いため、自動的に**酸化**が進みメラニンになります。

チロシナーゼにより酸化 / 自動で酸化
チロシン → ドーパ → ドーパキノン → メラニン

紫外線から皮膚を守るメラニンの役割

そもそもメラニンは、なぜつくられるのでしょう？実はメラニンには紫外線から皮膚を守るわずかな防御機能があり、メラニンが増えた状態（日焼け）では、SPF4程度あるという報告も。表皮角化細胞の核の中にある大切な遺伝情報をもつDNAが紫外線によるダメージを受けないように、**黒褐色の色素であるメラニンが日傘のように核を守ります**。これは核が帽子をかぶったような構造をしていることから**メラニンキャップ（核帽）**とよばれます。

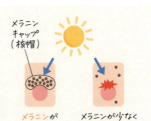

01 皮膚の構造としくみ

検定POINT 皮膚がもつバリア機能

皮膚には、**内部の水分を保つ役割**と、ほこりや花粉、化学物質などの異物や微生物、紫外線などの**外部刺激から守る役割**があり、これらがバリア機能を果たしています。バリア機能には、**肌表面の「皮脂膜」**、角層細胞内の**「NMF（天然保湿因子）」**、角層細胞間を埋める**「細胞間脂質」**の3つの保湿因子が関わっています。

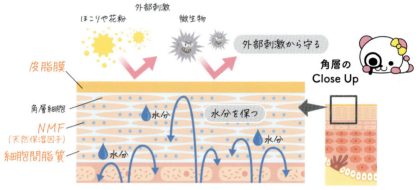

〈 バリア機能を担う3つの保湿因子 〉

皮脂膜

皮脂腺からの**皮脂**と角層由来の**脂質**が混ざった油分（皮表脂質）と、**汗**の成分である水分や**塩化ナトリウム**などが肌表面で混ざり合いつくられた膜。

肌表面からの水分の蒸発を防ぐだけでなく、**肌表面の柔軟性を保ち、保護作用を高めるために重要な役割**を果たしています。

皮脂膜 ＝ 皮表脂質 ＋ 汗
皮脂に表皮角化細胞由来の脂質が混ざった**油分** ／ 水分や塩化ナトリウム

皮表脂質の構成成分

- トリグリセリド 41%
- ワックスエステル 25%
- 脂肪酸 16%
- スクワレン 12%
- その他 6%

＊新化粧品学 第2版（南山堂）2001 改変

NMF（Natural Moisturizing Factor；天然保湿因子）

角層細胞内に存在し、角層の水分保持機能の中心的な役割を担う。

アミノ酸が主な成分で、そのほかに **PCA**（ピロリドンカルボン酸）、**乳酸塩**（乳酸ナトリウムなど）、**尿素**などの保湿成分から構成されます。

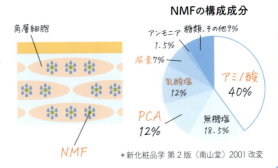

NMFの構成成分
- 糖類、その他 9%
- アンモニア 1.5%
- 尿素 7%
- 乳酸塩 12%
- PCA 12%
- 無機塩 18.5%
- アミノ酸 40%

＊新化粧品学 第2版（南山堂）2001 改変

細胞間脂質

セラミドが主な成分（約50%）。

セラミドは**水となじみやすい部分**（親水基）と、**油となじみやすい部分**（親油基）の両方をもっています。

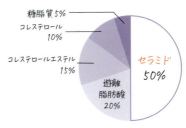

細胞間脂質の構成成分
- 糖脂質 5%
- コレステロール 10%
- コレステロールエステル 15%
- 遊離脂肪酸 20%
- セラミド 50%

＊油化学, 44(10), 751-766, 1995 参照

細胞間脂質は、角層細胞間で**水分と油分が何層にも重なり合うラメラ構造**をつくっています。水に溶けやすいものは油の層で、油に溶けやすいものは水の層でブロックし、**皮膚外部の化学物質や異物、微生物などが皮膚内部に侵入するのを防いでいます**。また、油の層は皮膚内部の水分をブロックし外に逃げてしまうことを防ぐ役割もあります。

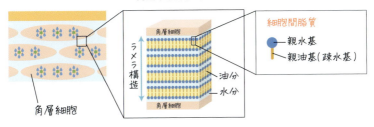

角層細胞間の拡大図

33

01 皮膚の構造としくみ

\ 肌のハリと弾力を保つ /

真皮の構造としくみ

検定POINT

真皮全体の約70%は**コラーゲンとよばれる線維が占めています**。この**コラーゲン線維**を束ねているのが、もう1つの線維である**エラスチン線維**です。そして、**コラーゲン線維とエラスチン線維**の骨組みの間を埋めているのが、**ヒアルロン酸**などのゼリー状の基質です。真皮を構成しているこれらの成分は**線維芽細胞によってつくられ**ます。

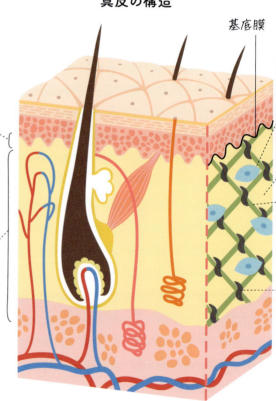

真皮の構造

基底膜

表皮に栄養を届ける

乳頭層（にゅうとうそう）

波打ったような凹凸構造に囲まれた部分。

毛細血管が入り込み、リンパ管、神経などもあります。基底膜を介して**表皮の基底細胞に栄養を与えたり、皮膚の構造を維持する役割を果たしています**。乳頭層にも**コラーゲン線維、エラスチン線維**があります。

肌の弾力を維持する

網状層（もうじょうそう）

真皮上層にある乳頭を除いた真皮の大部分を占める層。

層のほとんどを組織の形を保つ大きい**コラーゲン線維**が占め、網目状に並んでいることから網状層とよばれています。

> ハリや弾力の生みの親

線維芽細胞

真皮のところどころに存在し、**コラーゲン線維、エラスチン線維、基質をつくり出す細胞**。

細胞分裂により自ら新しい線維芽細胞を生み出し、さらに、古くなったコラーゲン線維やエラスチン線維、基質内の成分も分解します。線維芽細胞が機能を果たすためには、**血液からの栄養補給が十分であること**が必要です。加齢や紫外線などさまざまな影響によって働きが衰えます。

> 肌のクッション

基質

線維と線維の間を満たすゼリー状の物質。
皮膚にハリや弾力をもたらす役割を担っています。基質には**ヒアルロン酸**（1gで2～6Lの水分を保持できる）などの保湿作用をもつ**ムコ多糖類**のほか、タンパク質やビタミンなどが溶け込んでいます。

> 肌に強度を与える

コラーゲン線維（膠原線維）

真皮の大部分（約70％）**を占めるタンパク質**。

伸び縮みはしませんが、多方向からの力に負けない丈夫な線維で、**外からの力（衝撃）から皮膚内部を保護する**と同時に、**皮膚にしなやかさや弾力を与え、ハリをつくり出します**。**加齢**や、**紫外線**などの外部刺激によりダメージを受けるとコラーゲン線維も影響を受け、肌のハリや弾力が低下します。

> 線維を束ねるゴム

エラスチン線維（弾性線維）

コラーゲン線維と同様に**タンパク質**で、**ゴムのような弾力性のある線維**。

コラーゲン線維を束ねるように存在しており、乳頭層においては基底膜に対し垂直に伸びています。皮膚内部を保護すると同時に、皮膚に**しなやかさや弾力を与えています**。**加齢**や、**紫外線**などの外部刺激によりダメージを受けると、エラスチン線維も影響を受け、肌のハリや弾力が低下します。

〈 年齢による皮膚の変化 〉

01 皮膚の構造としくみ

年齢を重ねると**基底層の表皮角化細胞**や**真皮の線維芽細胞**の働きが衰えます。表皮の角層は**NMF**や**細胞間脂質**が減り、**ターンオーバーが遅くなる**ことで**厚く**なります。表皮と真皮がはっきりと凹凸状にかみあわなくなるため基底膜は**カーブがゆるく扁平**になり、**表面積**が**減ります**。真皮では**コラーゲン線維**や**エラスチン線維**、**ヒアルロン酸**がつくられにくくなり、肌のハリや弾力が失われます。

		若く健康な皮膚	老化した皮膚
状態		ハリや弾力が保たれている	ハリや弾力が失われ、シワやたるみの原因に。皮膚全体が薄くなる
表皮	角層	・NMFや細胞間脂質が**十分にある**	・NMFや細胞間脂質が**減る** ・角層が**厚くなり**、ごわつきやすい
表皮	細胞	・活発に働く ・ターンオーバーが**正常**	・働きが衰える ・ターンオーバーが**遅くなる**
表皮	基底膜	・表皮と真皮がはっきりした凹凸状にかみあっているため、**しっかりとした曲線**（凹凸構造）になっている ・表面積が**大きい**	・表皮と真皮がはっきりと凹凸状にかみあわなくなるため、カーブが**ゆるく扁平**になる ・表面積が**減る**
真皮	乳頭層	・突起部分の凹凸構造が**しっかりとしている** ・表皮に**十分な栄養や酸素を補給している**	・突起部分の凹凸構造が**扁平**になる ・**栄養や酸素が表皮に行きわたらない**
真皮	線維芽細胞	・**活発に働く**	・**働きが衰え、細胞の数も減少する**
真皮	構成成分	・コラーゲン線維、エラスチン線維、基質が**十分な量つくられる**	・コラーゲン線維、エラスチン線維、基質が**つくられる量が減り、変性したものが増える**

皮膚に存在する幹細胞とは？

幹細胞とは、**分裂して自分のコピーを生み出す能力「自己複製能」**と、**自分とは異なる種類の細胞を生み出す能力「分化能」**を併せもつ細胞のことです。皮膚には**表皮幹細胞**と**真皮幹細胞**、**毛包幹細胞**、**色素幹細胞**などが存在し、それぞれ異なる役割を担っています。

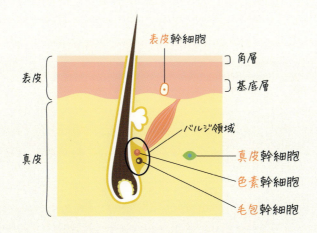

主な幹細胞の種類と働き

種類	存在場所	生み出す細胞	肌や毛髪への影響
表皮幹細胞	基底層	表皮角化細胞	・表皮のターンオーバーに関わり、肌表面を健やかな状態に保つ
真皮幹細胞	真皮	線維芽細胞	・十分な量のヒアルロン酸、コラーゲン線維、エラスチン線維をつくり出す働きを維持する ・肌にハリ・弾力をもたらす
色素幹細胞	毛包のバルジ領域	メラノサイト（色素形成細胞）	・肌色や髪色を保つ
毛包幹細胞	毛包のバルジ領域	毛母細胞	・発毛・毛髪の成長に関わり、ヘアサイクル（毛周期）を正常に保つ

01 皮膚の構造としくみ

皮膚の付属器官

皮膚には皮脂腺や汗腺などの特別な働きをもつ付属器官があります。これらについても知っておきましょう。

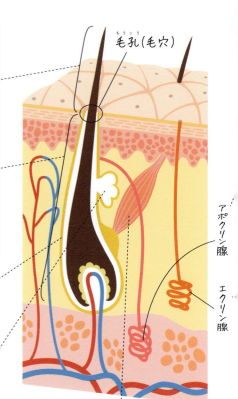

毛髪

毛幹（もうかん）
皮膚の外に出ている部分。

毛根（もうこん）
皮膚の内部に入っている毛の根元部分。
毛包という袋に包まれています。

毛包（もうほう）
毛穴の奥にあり、毛根を包む袋状の組織。

皮脂腺（ひしせん）
毛包についており、毛が生えているところにはどこでも分布。
手のひらや足の裏には毛孔自体がないため、必然的に皮脂腺はありません。身体の中では、頭・顔・背中の順に多く分布しており、皮脂の分泌量は、全身で1日平均1～2gです。ただし、皮膚表面から出る皮脂量は季節や年齢、環境などによって変化します。

立毛筋（りつもうきん）（起毛筋（きもうきん））
寒いときやぞっとしたときに収縮して鳥肌を立てます。

毛孔（毛穴）（もうこう）
アポクリン腺
エクリン腺

38

汗腺(かんせん)

汗を分泌する汗腺には、**エクリン腺**と**アポクリン腺**があります。

アポクリン腺

毛包に付属している。

わきの下など身体のごく一部にしかありません。アポクリン腺からの汗は、乳白色で粘り気があり**弱アルカリ性**です。栄養分が豊富なため、これをエサとして皮膚表面の細菌が繁殖します。分泌直後の汗はほとんどにおいませんが、**細菌によってタンパク質や脂質、脂肪酸などが分解**されると、**特有のにおい**を発します。

エクリン腺

真皮内に独立して存在する。

唇などの一部を除き、**ほぼ全身に分布**し、体温調節をしています。エクリン腺からの汗の成分は、99％が**水分**で、そのほかにごく少量の塩分やミネラル、尿素、乳酸などが含まれており、無色でほとんど**無臭**で**弱酸性**です。

分布	全身のほとんどの皮膚表面 ※200万〜500万個とされている	身体のごく一部 （わきの下、乳輪、へそ、外陰部など）
発汗する主なタイミング	・体温調節 ※夏季や運動時には発汗量が1時間に2Lになることもある	・神経が興奮したとき ・ストレスや緊張したとき
成分	99％が**水分** ごく少量の塩分やミネラル、尿素、乳酸など	**水分、タンパク質、脂質、脂肪酸、糖質、アンモニア**など
性質	**弱酸**性 ※スポーツなどで大量の汗をかいたときはアルカリ性側に偏ることがある	**弱アルカリ**性
汗のにおい	なし	ほとんどないが、細菌によって汗の成分が分解されると特有のにおいを発する
色	無色	乳白色

01 皮膚の構造としくみ

2 皮膚の作用

体内の保護以外にも、さまざまな役割を担っています

　皮膚はさまざまな役割を担っています。例えば、冷たいものに触れたとき「冷たいっ!」と感じるのは、皮膚に知覚作用があるからです。また、暑さや寒さに対応して体温を調節するのも皮膚の働きの1つです。ここでは**皮膚の大切な6つの作用**を学びましょう。

知覚作用 感じる

皮膚に物が触れた情報を身体に伝える作用です。知覚の種類は、温覚・冷覚・触覚（圧覚）・痛覚が主なもので、**痛覚が最も敏感**で、**温覚が最も鈍感**です。

知覚の種類	1cm²あたりの数
温覚	温点 0〜3
冷覚	冷点 6〜23
触覚（圧覚）	触点 25
痛覚	痛点 100〜200

表現（表情）作用 表現する

精神状態が肌にあらわれることを表現作用といいます。**驚いて顔面が蒼白になったり、はずかしさなどで頬が紅潮したりするの**は、精神的状態に反応して**毛細血管が一時的に収縮したり拡張したりする**ために起こります。

保護作用 保護する

外界の刺激から身体を保護する作用です。**病原菌**や**化学物質**などの**体内への侵入**を防ぎます。外部からの圧力に対しては、真皮のコラーゲン線維、エラスチン線維、皮下脂肪がクッションの役割を担い、身体への刺激をやわらげます。

分泌排泄作用 分泌して排泄する

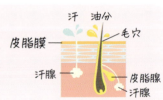

皮膚から**皮脂**と**汗**を**分泌する作用**です。皮脂は汗とともに皮脂膜をつくり、皮膚の乾燥を防いで角層を柔軟に保つ働きをしています。

体温調節作用 体温を調節する

身体の表面を覆っている**皮膚**は**熱**を通しにくく、体温が外に逃げることを防ぐ役割を担っています。しかし、体温が上昇するとその熱を身体の外に逃がすために、**身体全体に分布している汗腺（エクリン腺）**から発汗し、上昇した体温を下げて、一定に調節する働きをしています。

吸収作用 吸収する

皮膚から吸収される経路は、**角層**を通るルート（**経表皮経路**）と毛孔や**汗孔**などの付属器官を通るルート（**経付属器官経路**）があります。経表皮経路はさらに**角層細胞の中**を通るルート（細胞内経路）と、**細胞の間を通り抜けるルート**（細胞間経路）があります。**分子量が小さく適度に油に溶けるものは皮膚に吸収されやすい**傾向があります。

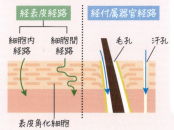

全身の部位で違う経皮吸収率

皮膚は場所により角層の厚さが違うため、化粧品や外用薬などの吸収率に差があります。前腕屈側の吸収量を1とした場合、前額ではその6倍、性器では42倍になります。

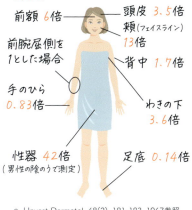

- 前額 6倍
- 頭皮 3.5倍
- 頬（フェイスライン） 13倍
- 前腕屈側を1とした場合
- 背中 1.7倍
- 手のひら 0.83倍
- わきの下 3.6倍
- 性器 42倍（男性の陰のうで測定）
- 足底 0.14倍

* J Invest Dermatol, 48(2), 181-183, 1967参照

皮膚は呼吸しているの？（呼吸作用）

わずかに呼吸しているよ

ごくわずかに呼吸しています。皮膚を介して酸素を取り入れ、**組織内で発生した二酸化炭素を排出することを皮膚呼吸**といいます。しかし、その量はごくわずかで、ヒトでは**酸素の取込量は、肺呼吸の180分の1程度、二酸化炭素の排出量は、220分の1程度**です。

01 皮膚の構造としくみ

例題にチャレンジ！

Q 次のうち、NMF（天然保湿因子）に最も多く含まれる成分はどれか。適切なものを選べ。

1. コレステロール
2. 乳酸塩（乳酸ナトリウム）
3. アミノ酸
4. トリグリセリド

【解答】3

【解説】NMF（天然保湿因子）はアミノ酸が主な成分で、そのほかにPCA（ピロリドンカルボン酸）、乳酸塩（乳酸ナトリウム）など、尿素などの保湿成分から構成されている。

P33で復習！

試験対策は問題集で！公式サイトで限定販売

美にまつわる
格言・名言

20歳の顔は自然からの贈り物、
30歳の顔はあなたの人生。
でも、50歳の顔はあなたの功績よ

【ココ・シャネル】

毎日お手入れを継続すること、ケアする習慣をつけることこそ、
美しさ保つ秘訣です。

PART 02

肌タイプの見分け方とお手入れ

肌は大きく4つのタイプに分かれます。

効果的なスキンケアやメイクアップを行うためには

自分の肌タイプを正確に分析できる力も必要です。

それぞれの肌タイプの特徴や判断する方法を

身につけましょう。

あなたの肌は普通肌、脂性肌、乾燥肌、混合肌のどのタイプ？

1 肌タイプと見分け方

効果的なお手入れをする前に、まずは自分の肌タイプを知りましょう

肌タイプの分類

一般的に肌タイプは肌の測定機器で頬部を測定し、その結果により、**皮脂量が多い・少ない**、**水分量が多い・少ない**によって4タイプに分類されます。

頬部で測定した結果による分類

肌タイプは**常に同じではなく**、季節などの環境や身体全体の健康状態、ストレスなどによっても変わります。

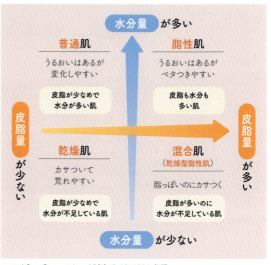

* J Soc Cosmet Jpn, 19(1), 9-19, 1985 参照

肌タイプチェック

肌タイプを知る手軽な方法で、質問の回答から肌タイプを判断できます。さらに詳しく調べるには、店舗カウンセリングなどで機械による判断もおすすめ。水分量や皮脂量だけでなく、頬のきめの細かさ、毛穴の数や形、シワの数などを測定したうえで判断するため、より正確に知ることができます。

水分の少なさをcheck ☑
- ☐ 日中、肌がつっぱることがよくある
- ☐ 口や目のまわりがカサつきやすい
- ☐ 化粧のりが悪く、粉っぽく仕上がる
- ☐ 肌のきめは細かい方だ

↓

☑が多いと乾燥肌の可能性が大

皮脂の多さをcheck ☑
- ☐ 日中、肌のテカリが気になる
- ☐ 油取り紙で皮脂を頻繁に取らなければならない
- ☐ 化粧をして時間がたつと、色が沈んだり、いつのまにか取れていたりする
- ☐ 頬の毛穴が大きく、目立つ方だ
- ☐ 額や頬にニキビができやすい

☑が多いと脂性肌の可能性が大

検定POINT 肌タイプ別スキンケア

肌タイプごとの特徴とお手入れ方法を理解し、毎日のスキンケアに取り入れましょう。

肌タイプ	特徴	お手入れポイント
普通肌 皮脂が少なめで水分が多い肌 	・水分、皮脂のバランスが整っている ・しっとりしていて、カサつきやニキビなどのトラブルが少ないタイプ ・バリア機能が働き、外からの刺激にも影響を受けにくい、健康的な肌状態	肌が安定しているので、新しい化粧品や美容機器を用いた集中的なスキンケアなどを試すのにも適している
脂性肌 皮脂も水分も多い肌 	・特に皮脂の分泌が多めでベタつきが気になるタイプ ・うるおいはあるものの、きめが粗く、毛穴の詰まり・毛穴の開き、ニキビなど過剰な皮脂の分泌が原因の肌トラブルを起こしやすい ・思春期から20代前半までに多い	丁寧な洗顔と引き締め効果のある化粧品で、皮脂の過剰な分泌を抑えるスキンケアを。ただし、皮脂を取り除こうと洗浄力の強いものを使いすぎると、肌にうるおいを保つ力が低下してしまうことがあるので注意
乾燥肌 皮脂が少なめで水分も不足している肌 	・うるおいを保つ力が弱く、バリア機能も低下しがちで、カサつきが気になるタイプ ・きめは乱れやすいが、毛穴は目立ちにくい ・加齢とともに増える傾向にある	油分も水分も不足している状態なので、どちらもバランスよく補給することが大切
混合肌 （乾燥型脂性肌） 皮脂が多いのに水分が不足している肌 	・両極端な肌状態が混在し、水分と皮脂のバランスがくずれやすい ・ニキビができたり、カサカサして肌荒れが生じたりと、肌トラブルを起こしやすいタイプ ・バリア機能が低下しがちなことに加え、部位によって肌状態が異なるため、お手入れが難しい ・20代後半から30代に多い	過剰な皮脂を取り除くとともに、十分な水分を与え、その上で肌の状態に合わせて油分を調整する

部位ごとに異なる肌の状態

「誰にでもあてはまるよ！」

どの肌タイプでも、顔の**Tゾーンは皮脂分泌が多く、Uゾーンは乾燥しやすく**なっています。それぞれの肌状態に合わせてお手入れをするとよいでしょう。

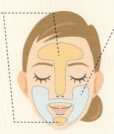

Tゾーン
額全体と眉間から鼻の頭を通って、小鼻、あごまでの部位。皮脂分泌が多い部位のため、**脂っぽく、テカリが気になりやすい。**

お手入れ方法
化粧水をたっぷりつけても、乳液は控えめに。

Uゾーン
左右両側のまぶたから目尻、目の下、頬、鼻の下を結んだ部位。**乾燥しやすく、カサつきやすい。**

お手入れ方法
乳液やクリームを多めにつける。

〈 敏感肌 〉

敏感肌とは、肌のタイプではなく、**刺激を感じやすく肌荒れを起こしやすい肌状態**をさします。また、**季節の変わり目、環境の変化、月経（生理）前、ストレスを感じたとき**など、**一時的に肌が敏感になる状態**を「**ゆらぎ肌**」ともよびます。

敏感肌は、皮膚のバリア機能が低下していることが多く、乾燥しやすい状態です。肌が敏感なときは、過度なお手入れを控え、低刺激性の化粧品（敏感肌用、パッチテスト済み、スティンギングテスト済みなどの記載があるもの）で保湿を心がけるとよいでしょう。

肌の敏感度チェック

肌が敏感になっているかどうかは次のような項目を参考にしてみましょう。あてはまるものが多いほど、肌が敏感になっている可能性があります。化粧品選びやお手入れ方法を見直してみましょう。

- ☐ 化粧品を変えたときに肌がピリピリしたことがある
- ☐ いつも使っている化粧品でも赤くなったり、しみたりすることがある
- ☐ 肌が乾燥するとヒリつきやかゆみを感じる
- ☐ 紫外線を浴びると肌荒れしやすい
- ☐ 汗をかくとかゆくなる
- ☐ 季節の変わり目に肌トラブルが起こりやすい
- ☐ 体調や環境の変化で肌の調子が悪くなる
- ☐ 月経（生理）前に肌の調子が悪くなる
- ☐ ストレスを感じると肌荒れしやすい

> 検定
> POINT

季節と肌

　季節による気温や湿度などの環境の変化によって、肌の状態も大きく変わります。季節ごとにどのような影響があるのかを知っておきましょう。

季節	季節による肌への影響	お手入れポイント
春	・花粉や黄砂の影響、寒暖の不安定さ、新生活などのストレスから肌が敏感になりやすい ・夏にかけて紫外線量が増えていく	帰宅後は肌表面に付着した汚れをきちんと落とす。花粉や黄砂、ストレスでバリア機能が低下しやすいので、スキンケアは丁寧に。紫外線量が増えるので、日焼け止めを使う
夏	・気温・湿度の上昇により汗や皮脂の量が増え、ニキビや化粧くずれで悩みやすい ・日焼け、シミ・そばかす、肌のごわつきなど、紫外線のダメージを強く受けやすい	日焼け止めで紫外線から肌を保護する。皮脂分泌が増えるため、ニキビ対策を心がける。毛穴の開きが気になる場合は、毛穴を引き締める作用のある収れん化粧水を使う。紫外線ダメージや冷房による乾燥（水分不足）にも注意する
秋	・気温も湿度も安定していて過ごしやすい ・夏の紫外線のダメージに代わり、目元・口元などのカサつきが気になりはじめる ・冬に向けて一気に湿度が下がり、肌も乾燥しやすい	夏のダメージを引きずらないお手入れを心がけ、肌全体の調子を整えていく。目元・口元などを中心に、乾燥しがちな部分には、油分が含まれた乳液やクリームを取り入れる。他の季節と比べて肌が安定しやすいため、新しい化粧品を試すのに適している
冬	・気温だけでなく湿度も最も低い ・肌はカサつきやすく、肌荒れ、乾燥によるシワ（小ジワ）が気になる ・室内外の寒暖差により頬が部分的に赤くなることもある	乾燥対策のため十分な保湿が必要。オイルや油分が多めの乳液やクリームを使う。気温の低下で血行が鈍くなりがちなので、マッサージや入浴などで新陳代謝を高めることも大切

47

PART 03

肌悩みの原因と
お手入れ

乾燥・ニキビ・肌荒れ・毛穴・シミ・くすみ・シワ・たるみなど、
代表的な肌悩みについて学びましょう。
肌悩みの状態と原因を知ることで
最適なお手入れ方法にたどりつくことができます。

日本化粧品検定協会
公式サイトで
好評公開中！

代表的な成分を
歌って覚えよう！

いっしょに
学ぼう

1 乾燥

環境によるところも大きい乾燥。
肌が乾燥してしまうメカニズムを
じっくりと解説しています。

〈 乾燥した肌の状態 〉

健やかな肌は角層中に水分が十分保たれ、きめが整っています。ハリや弾力があり、みずみずしく、肌に透明感があるように見えます。乾燥すると、**きめが乱れるだけでなく、カサつき、ツヤがなく、肌に白く粉がふいたようになる**こともあります。

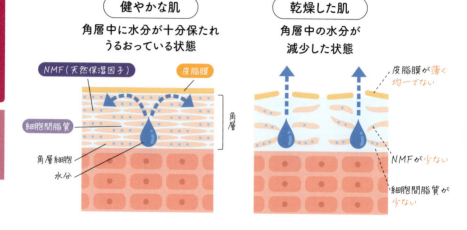

〈 肌の水分保持機能と乾燥 〉

皮膚には角層のうるおいを保つ水分保持機能が備わっています。水分保持機能は「**皮脂膜**」、「**NMF（天然保湿因子）**」、「**細胞間脂質**」**の3つの保湿因子**がそれぞれの役割を果たすことで保たれています。ところがさまざまな要因により3つの保湿因子が減少すると、肌のうるおいが保てなくなり乾燥しやすくなります。

検定POINT 〈角層の保湿因子の加齢変化〉

細胞間脂質を構成する成分の**約5割を占めるセラミド**や、皮脂膜を構成する成分の**9割を占める皮脂**など、角層の水分保持機能に関わる保湿因子の一部は**加齢とともに減少**します。

*J Invest Dermatol, 96(4), 523-526, 1991 改変
※セラミド、皮脂膜について詳しくは本書 P32-33 参照

*J Soc Cosmet Chem Japan, 23(1), 9-21, 1989 改変

なぜ細胞間脂質が重要なの？

細胞間脂質は角層細胞間で**ラメラ構造**をつくり、**水分を結合水（不凍水）**として動けないようにしっかりとはさみ込んでいます。これにより**水分が蒸発せずにとどまり**、どんな温度や湿度の環境でも肌は水分を維持し、水分保持機能とバリア機能を果たすことができるのです。肌の保湿成分にはさまざまな種類がありますが、水分を結合水としてはさみ込む中心的な役割を果たすのはセラミドをはじめとする細胞間脂質です。

※ラメラ構造について詳しくは本書 P33参照

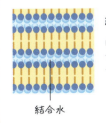

結合水
自由に動けないので低湿度の環境でも蒸発しない水

〈乾燥の原因とお手入れ方法〉

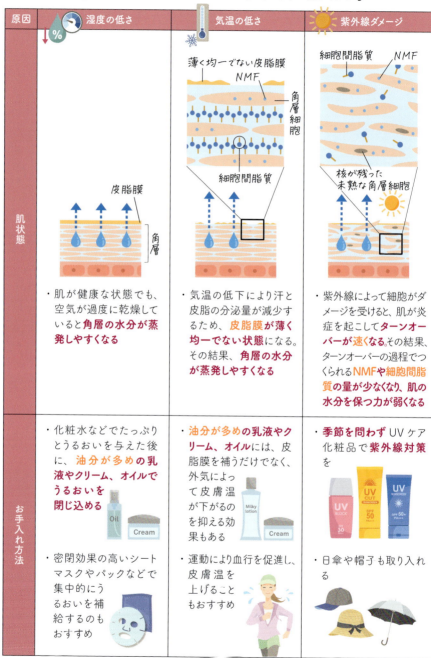

加齢	過度な摩擦・洗浄	生活習慣の乱れ
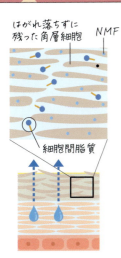 ・代謝が低下するとともに**ターンオーバーが遅くなり、角層が厚くなる** ・加齢により、**NMFや皮脂、セラミド**などをつくる機能も低下するため、肌の水分を保つ力が弱くなる	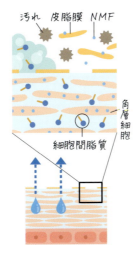 ・こすりすぎや洗浄力が強すぎるクレンジング料や洗顔料の使用により、**3つの保湿因子であるNMF、細胞間脂質、皮脂膜が洗い流されやすくなり、角層の水分が蒸発しやすくなる**	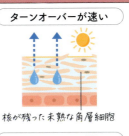 ・ストレスや睡眠不足、過度なダイエット、食生活の乱れなどにより、**ターンオーバーが速くなったり遅くなったりする**。その結果、**NMFや細胞間脂質がつくられにくくなり、角層の水分が蒸発しやすくなる**
・**水分と油分をしっかり補う** ・代謝を高めるためにマッサージや適な運動も取り入れる 	・**マイルド**な洗浄力の**クレンジング料や洗顔料**を使って、丁寧に洗う  ・肌を**こすらず、やさしく洗う** 	・毎日決まった時間に寝起きし、規則正しい生活や適切な運動、バランスのいい食事などを心がける  ・**生活リズムを整える**ことでターンオーバーも整い、乾燥しにくい肌になる

〈 モイスチャーバランスの概念 〉

乾燥した肌では3つの保湿因子（皮脂膜、細胞間脂質、NMF）が減っているため、化粧品によりその代わりになるものを補い、バランスを取り戻すことが大切です（**モイスチャーバランスの概念**）。具体的には、皮膚の**水分**は化粧品の**水分**で、皮脂膜・細胞間脂質は**油分**で、**NMF**は**保湿剤**で補います。肌の状態に合わせて、保湿成分（油分や保湿剤など）を化粧品で補うためにも、それぞれの特徴を理解しましょう。

皮膚の
モイスチャーバランス
- 水分
- 脂質（皮脂膜・細胞間脂質）
- NMF（天然保湿因子）

スキンケア化粧品の
モイスチャーバランス
- 水分
- 油分
- 保湿剤

〈 保湿における医薬部外品の有効成分 〉

医薬部外品の有効成分にも保湿機能に関わるものがあります。

効能・効果	有効成分名	特徴
皮膚水分保持能の改善 頭皮水分保持能の改善	ライスパワー®No.11※ ［部 米エキスNo.11］ 米	米を独自の技術により発酵して得られる成分。基底層に働きかけ、ターンオーバーを正常化することでセラミドの生成を促進し、バリア機能を高める ターンオーバーの正常化

※ライスパワー®は勇心酒造株式会社の登録商標です
※成分例は化粧品の表示名称を化で、医薬部外品の表示名称を部で記載しています

検定POINT 〈 代表的な保湿成分 〉

保湿成分といっても、さまざまな種類があり、異なるメカニズムのものを組み合わせて、肌に与えることが大切です。それぞれの種類と働きを知りましょう。

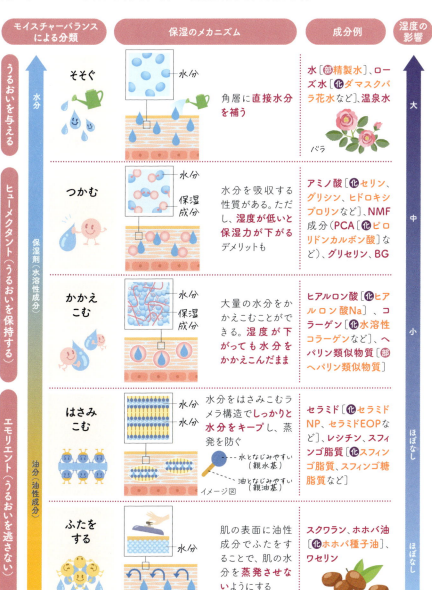

2 ニキビ（尋常性ざ瘡）

顔にぷつっとあるとき突然あらわれるニキビ。
肌の中では何が起こっているのでしょうか。
ニキビができないようにするには、
どのようなケアをすれば予防ができるのでしょうか。
ニキビの特徴とケア方法を学びます。

〈 ニキビができる主な原因 〉

ニキビができる主な原因は「毛穴の詰まり」、「過剰な皮脂分泌」、「アクネ菌の増加」の3つあります。

原因1 毛穴の詰まり

ニキビは**毛穴の出口近くで角化異常が起こる**ことで始まります。角層がはがれにくくなり厚くなると、毛穴の出口がふさがれ、**毛穴の内部に皮脂や余分な角質が詰まります**。この状態を**面皰（コメド）**とよびます。

原因2 過剰な皮脂分泌

皮脂の分泌にはホルモンが影響し、特に**男性ホルモンは皮脂腺を大きく発達**させます。男性ホルモンは**思春期に入ると急激に増加し、皮脂の分泌量を増やします**。

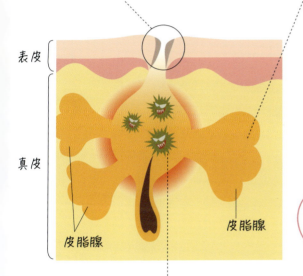

10〜20代が一番ニキビができやすいよ

原因3 アクネ菌の増加

アクネ菌（*Cutibacterium acnes*）は正常な皮膚にも存在する常在菌で、**脂質を好み、酸素を嫌う**性質があります。そのため毛穴の出口がふさがり、皮脂がたまると、**酸素が少ない毛穴の中で皮脂をエサにしてアクネ菌が増殖しやすく**なります。

アクネ菌
※イメージ図

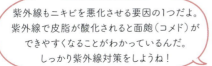

紫外線もニキビを悪化させる要因の1つだよ。紫外線で皮脂が酸化されると面皰（コメド）ができやすくなることがわかっているんだ。しっかり紫外線対策をしようね！

> **検定 POINT** 《 ニキビの進行ステップとタイプ別お手入れ方法 》

03 肌悩みの原因とお手入れ / ニキビ

進行ステップ	ニキビができやすい脂腺性毛包	ニキビの前段階 角化異常、皮脂分泌の増加	炎症のないニキビ 毛穴内部に皮脂がたまり、アクネ菌が増殖	
タイプ		マイクロコメド （微小面皰） 肌の表面がザラついたり、ごわごわしたりする。ニキビとして**目には見えない**状態	コメド 白ニキビ （閉鎖面皰） 皮脂や角質の塊が毛穴内部にあり、毛穴が閉じている。ポツンと小さく盛り上がり、**白く見える**	コメド 黒ニキビ （開放面皰） 皮脂や角質の塊が押し上げられ、毛穴が開いている。**酸化した皮脂やメラニン、産毛により黒く見える**
	 皮脂分泌量が多いTゾーンには、皮脂腺が大きく発達している脂腺性毛包があり、ニキビができやすい			
お手入れ方法	「Tゾーンを中心に洗顔しよう！」	・**1日2回の洗顔**で、余分な皮脂をしっかり洗い流しましょう。スキンケアは**油分が少ないもの**や、**皮脂の酸化を防ぐ成分（抗酸化成分※）**を配合したものを選び、**角層をやわらかくするピーリング化粧品**を取り入れることも有効 	・**角層柔軟や殺菌、抗炎症、皮脂抑制作用**のある、ニキビ予防を目的とした医薬部外品を選びましょう 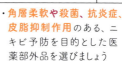 ・**AHA（アルファヒドロキシ酸）**である**リンゴ酸**や**乳酸**などや、**BHA（ベータヒドロキシ酸）**である**サリチル酸**のほか、**アゼライン酸**や**レチノール**が配合された角質ケア化粧品も有効	

※抗酸化成分について詳しくは本書巻末「参考資料・主な化粧品成分」参照

ニキビが**マイクロコメド**をきっかけに悪化していく場合、以下のようなステップで進行していきます。炎症を起こした赤ニキビに進行する前に、適切なお手入れが必要です。

炎症を起こしたニキビ アクネ菌を攻撃する好中球が増加し、炎症が起こる		ニキビ跡になる 赤みが一時的に残ったり、皮膚に凹凸ができたりする	
赤ニキビ (紅色丘疹)	**黄ニキビ** (膿疱)	**ニキビ跡** (赤み・色素沈着)	**ニキビ跡** (クレーター・瘢痕)
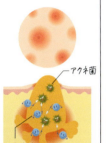			
炎症が起こり、毛穴まわりが赤く腫れて盛り上がる	一部の毛包壁が拡張し、破壊される。好中球などから、真皮構造にダメージを与える物質も放出され、炎症が悪化して**黄色い膿**がたまる	**一時的に赤みや色素沈着が残る**が、**時間とともに消える**ことが多い	**真皮構造が破壊**され毛穴に沿って収縮し、**クレーターのように凹む**	**コラーゲン線維**が過剰につくられ蓄積されることで皮膚が盛り上がって厚くなる

- 炎症が激しい状態なので、**自己判断でケアを行わず皮膚科専門医に相談し治療を行う**のが基本です。医師の指導のもと、スキンケアは余分な皮脂をやさしく洗い流す程度にして、治療をサポートするケアを。黄ニキビでは無理に膿を出すことは厳禁

- 治っても赤みが続く場合、**抗炎症作用のある成分を配合した医薬部外品**が効果的

- 炎症がおさまった後に色素沈着が起こった場合は、**ビタミンCやビタミンC誘導体などを配合した美白化粧品**がおすすめ

美容医療
- 瘢痕は、化粧品では限界があるので、皮膚科でのケミカルピーリングやレチノイン酸の塗り薬、光治療によってターンオーバーを促進することが有効。ただし、施術は一時的に肌に負担がかかり、敏感肌や炎症を起こしやすい人には不向きなので注意が必要

〈 ニキビ予防における医薬部外品の有効成分 〉

ニキビ予防効果をもつ医薬部外品の有効成分には、**角層剥離・溶解作用、殺菌作用、抗炎症作用、皮脂抑制作用**があります。医薬品のようにニキビを治療できるものではありませんが、ニキビができる原因である「**毛穴の詰まり**」、「**過剰な皮脂分泌**」、「**アクネ菌の増加**」を防ぐことでニキビを予防します。

03 肌悩みの原因とお手入れ

ニキビ

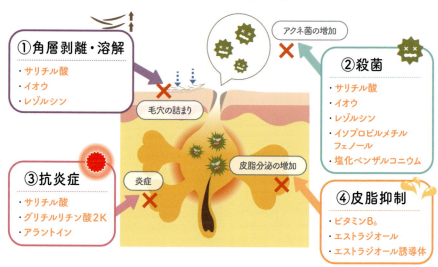

①角層剥離・溶解
・サリチル酸
・イオウ
・レゾルシン

②殺菌
・サリチル酸
・イオウ
・レゾルシン
・イソプロピルメチルフェノール
・塩化ベンザルコニウム

③抗炎症
・サリチル酸
・グリチルリチン酸2K
・アラントイン

④皮脂抑制
・ビタミンB_6
・エストラジオール
・エストラジオール誘導体

効能・効果	成分名	特徴	①角層剥離	②殺菌	③抗炎症	④皮脂抑制
ニキビを防ぐ	サリチル酸	合成成分。**アクネ菌殺菌**作用や**角層柔軟**作用があり、医薬品にもイボ、ウオノメを除去する目的で使われている	●	●	●	
	イオウ	天然鉱物であるが現在は石油由来。酸化されると卵の腐ったようなにおいのある成分。**皮脂吸収作用**や**殺菌**作用、**角層柔軟**作用があり、**余分な角質を取り除く**。医薬品のニキビ治療薬としても使われる	●	●		
	レゾルシン	合成成分。消毒薬のようなにおいがある成分。**アクネ菌殺菌**、**角層柔軟**作用があり、毛穴をクリーンにする。医薬品のニキビ治療薬としても使われる	●	●		

効能・効果	成分名	特徴	①角層剥離	②殺菌	③抗炎症	④皮脂抑制
ニキビを防ぐ	イソプロピルメチルフェノール	合成成分。アクネ菌や背中のニキビの原因となるマラセチア菌を減らす殺菌作用がある　甘草の根茎		●		
	塩化ベンザルコニウム	合成成分。アクネ菌や背中のニキビの原因となるマラセチア菌を減らす強い殺菌作用がある		●		
	グリチルリチン酸2K［部グリチルリチン酸ジカリウム］	マメ科植物甘草の根茎から得られる。消炎作用があり、ニキビの炎症・赤みを抑える効果がある　甘草の根茎			●	
	アラントイン	コンフリーの葉などの植物由来もあるが、現在は尿素や尿酸から合成。消炎作用や細胞活性化の働きがあり、ニキビの炎症・赤みを抑える効果がある　コンフリー			●	
	ビタミンB6［部塩酸ピリドキシン］	合成成分。水溶性のビタミンB群の1つ、ビタミンB6。皮膚炎の予防から発見され、皮脂の分泌を抑える作用がある				●
	・エストラジオール・エストラジオール誘導体［部エチニルエストラジオールなど］	合成成分。エストラジオールは女性ホルモンの1つである卵胞ホルモン（エストロゲン）の一種。その誘導体。男性ホルモン（テストステロン）の阻害作用があり、皮脂腺の皮脂合成を抑制する作用がある　卵胞ホルモン				●

※成分例は医薬部外品の表示名称を部で記載しています

〈 ニキビの予防法 〉

ニキビは、できてからでは治すことが大変です。日ごろからケアを欠かさず、予防することが大切です。

基本は１日２回の洗顔！

摩擦や刺激を避け、**過剰な皮脂はしっかり洗い流しましょう**。**酵素洗顔やピーリング化粧品**は毛穴の詰まりを改善する効果が期待できます。ただし使用後の**保湿ケアを忘れずに**。

ターンオーバーの乱れを正常にする

保湿を心がけ、ターンオーバーを整えましょう。**ピーリング**化粧品を使用して余分な角質を取り除くようにするのも有効です。

［注意点］ニキビに対する治療で使われるレチノイド外用薬の使用で刺激性皮膚炎が生じている場合は、ピーリング化粧品は皮膚炎を悪化させることがあります。皮膚科専門医に相談の上、使用しましょう。

規則正しい生活を心がける

生活習慣が乱れ、**睡眠不足になると免疫力が低下し、ニキビもできやすくなります**。できるだけ規則正しい生活でホルモンバランスを整えることも大切です。

また、**便秘もニキビを悪化させる原因になる**といわれています。**食物繊維の多い食事や水分をしっかり摂り**、便秘に注意しましょう。

ニキビ予防化粧品や**ノンコメドジェニックテスト済み**化粧品を使う

皮脂を抑える、ニキビの炎症を抑える作用、アクネ菌の殺菌や角層柔軟作用のある成分などが配合されたニキビ予防化粧品を使用しましょう。

アクネ菌は油分をエサにして繁殖するため、油分の少ない化粧品やニキビができにくいことが確認された「**ノンコメドジェニックテスト済み**」と表示された**化粧品**がおすすめです。

サプリメント

ビタミンB_2やビタミンB_6などのビタミンB群は脂質の代謝に関わり脂肪分解を助けるため、不足するとニキビができやすくなります。ビタミンAやβ-カロテンはニキビの炎症を防ぎます。これらを豊富に含む食事を心がけ、足りないときはサプリメントで補いましょう。

チョコレートはニキビのできやすさに関係ないという報告があるよ。

〈 ニキビができたときの注意点 〉

ニキビができた後でも早めに改善できるよう、適切な対応をすることが大切です。

手で触らない

手には目に見えない**雑菌がいっぱい**。触れることでニキビを悪化させる原因になることも。

髪が触れないように

髪がニキビにあたると**刺激になります**。ヘアピンを使用するなどヘアスタイルを工夫しましょう。

つぶさない

爪を立ててむりやりニキビを押しつぶすことで**毛穴を傷つけて跡になったり**、汚れた手から**細菌が入り込んで悪化**してしまう可能性もありますので、自分でつぶすのは止めましょう。

医療行為ならOK

ニキビの原因となる**アクネ菌は酸素がない環境を好む嫌気性菌**です。皮脂をエサにするため、ニキビの芯(毛穴に詰まった**皮脂や角質、膿**など)を押し出す**医療行為の「面皰圧出(めんぽうあっしゅつ)」**を行うと、アクネ菌の増殖をはばみ、ニキビの悪化を防ぐことができます。

刺激を与えない

強いパッティングを避け、**ゴシゴシこすらないように注意。ピールオフパックや硬くて大きなスクラブの使用は控えましょう**。

バターやラードなどはニキビの発生に関わる可能性があるともいわれているから、脂質の多い食事の摂りすぎには注意しようね!

〈 思春期ニキビと大人ニキビの違い 〉

思春期ニキビは過剰な皮脂分泌が原因であるのに対し、大人ニキビ（吹き出物）は**乾燥やストレスの増加、睡眠不足によるホルモンバランスの乱れ、不規則な生活リズム、偏った食生活**などが原因だと考えられています。思春期ニキビと大人ニキビの違いについて学びましょう。

03 肌悩みの原因とお手入れ　ニキビ

	思春期ニキビ	大人ニキビ
年齢	10代が中心	20代以降
ニキビができやすい場所・肌質	**Tゾーン（額・鼻）が中心** ・皮脂量が多い額・鼻部分を中心に顔全体にできる ・脂性肌にできることが多い	**顔の下半分が中心** ・あご、口まわりなどの**顔の下半分**が中心で**頬、フェイスライン**にもできる ・乾燥肌にもできる
時期	春〜夏（皮脂分泌が多い季節）	季節を問わずいつでも
原因	**過剰な皮脂分泌** **男性ホルモン**の影響で**皮脂腺が大きく発達**し、皮脂分泌が活発になる	**角化異常により毛穴が詰まる** バリア機能の低下などによる**角化異常**によって**余分な角質**がたまりやすくなる。炎症が長く続くため、色素沈着が残りやすい。生活習慣やストレスなど、あらゆることが原因に
対策	**ニキビ予防化粧品**を使用する ・**アクネ菌**に働きかける ・炎症を抑える ・余分な皮脂を取り除く ・肌を清潔に保つ ・厚くなった角層を取り除く	**大人ニキビ対応の化粧品**を使用する ・炎症を抑える ・十分な**保湿**ケア ※ただし、油分を与えすぎない ・厚くなった角層をやわらかくする
治療	・ニキビ治療薬	・面皰圧出

3 肌荒れ

肌荒れとは、肌の調子が悪くなり
不快な状態があらわれていることを
さしています。
肌の表面がカサカサしていたり
ニキビや赤み・かゆみ・ヒリついたことは
ありませんか？
肌荒れを起こしているときの注意点や
悩みに合った対応策を学びます。

実は肌荒れには、はっきりとした定義はありません。一般的にさまざまな原因により肌の調子が悪くなり、肌の表面が乱れたり、不快な状態があらわれたりしていることをさしています。

〈 肌荒れのタイプ 〉

肌荒れの症状は大きく分けると、乾燥、ニキビ、赤み・かゆみ・ヒリつきの3つに分けられ、複数の症状が同時にあらわれることもあります。

乾燥
詳しくは本書 P49-55
「肌悩み1 乾燥」参照

ニキビ
詳しくは本書 P56-64
「肌悩み2 ニキビ」参照

赤み・かゆみ・ヒリつき
詳しくは本書 P46
「敏感肌」参照

〈 肌荒れの原因 〉

肌荒れの原因は、気温や湿度の変化、紫外線や大気汚染物質などの外的刺激、生理前や妊娠中などのホルモンバランスの変化、ストレス、生活習慣の乱れなどさまざまです。また、過度な摩擦や洗浄、汚れたパフやブラシを使うなどの誤ったお手入れをすることも原因になります。

肌荒れはこのようなさまざまな原因によって、「ターンオーバーの乱れ」や「バリア機能の低下」など角層の機能が低下したり、肌内部で「炎症」が起こったりすると肌表面にあらわれます。

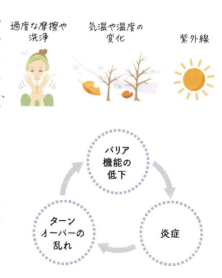

〈 肌荒れしたときのお手入れ方法 〉

　肌の調子が悪くなったと感じたときは、毎日のお手入れの方法や生活習慣を見直しましょう。

やさしく洗顔

洗顔は**体温より少し低い32〜34℃くらいの温度のぬるま湯**で、こすったり刺激を与えないように、しっかり泡立てたきめ細かい泡でやさしく洗顔しましょう。

化粧品を見直す

保湿効果の高いアイテムでやさしくお手入れを。敏感肌用と表示されている化粧品もおすすめ。肌荒れしやすい人は**肌荒れ防止効果**のある化粧品を選びましょう。

こすらない保湿ケア

化粧水や乳液を早く浸透させようと、手で肌を強くこすったり、コットンで力強くパッティングしたりするなど**刺激を与えるのは避けましょう**。

日焼けを防ぐ

紫外線は肌荒れを悪化させる原因の1つ。日頃から日焼け止めを塗るとともに、日傘をさしたり、つばの長い帽子をかぶるなど、きちんと紫外線対策をしましょう。

※紫外線について詳しくは本書 P141-153 参照

栄養バランスに注意

肌荒れをしているときこそ、バランスのよい食事を心がけましょう。無理なダイエットをせず、サプリメントも取り入れながら、炭水化物やタンパク質、ビタミン、ミネラルなど、必要な栄養素をきちんと摂りましょう。

ストレスをためない

定期的な運動や十分な睡眠を取ったり、リラックスをする時間を設けたりして、ストレスをためないようにしましょう。
※ストレスについて詳しくは本書 P162-165 参照

気をつけようね！

67

〈 肌荒れ防止における医薬部外品の有効成分 〉

肌荒れ防止効果をもつ医薬部外品の有効成分には、**抗炎症**作用、**ターンオーバー促進**作用（**細胞賦活**作用、**血行促進**作用）、**保湿**作用があります。中には2つ以上の働きを併せもつ成分もあります。

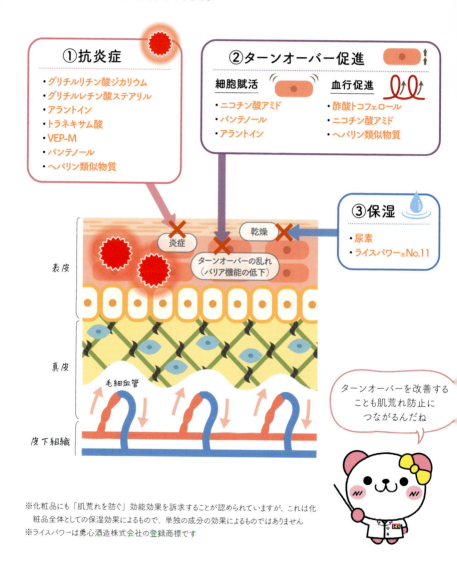

※化粧品にも「肌荒れを防ぐ」効能効果を訴求することが認められていますが、これは化粧品全体としての保湿効果によるもので、単独の成分の効果によるものではありません
※ライスパワーは勇心酒造株式会社の登録商標です

効能・効果	成分名	特徴	① 抗炎症	② 細胞賦活	血行促進	③ 保湿
肌荒れ、荒れ性	グリチルリチン酸2K 【働グリチルリチン酸ジカリウム】	マメ科植物甘草の根茎から得られる。抗炎症作用に加え、抗アレルギー作用もある。最も広く使用されている成分。グリチルリチン酸2K：水溶性 甘草の根茎	●			
	グリチルレチン酸ステアリル	グリチルレチン酸ステアリル：油溶性。グリチルレチン酸の誘導体。加水分解されたグリチルレチン酸は活性型として作用する	●			
	トラネキサム酸	合成成分。皮膚の炎症を抑える。美白の有効成分としても用いられる	●			
	ヘパリン類似物質	合成成分。皮膚の炎症を抑える作用に加え、血行促進作用や水分保持機能があり、皮膚のバリア機能を改善する	●		●	
	アラントイン	コンフリーの葉などの植物由来もあるが、現在は尿素や尿酸から合成。医薬品では口唇・口角炎の治療薬や点眼薬としても使われる コンフリー	●	●		
	パンテノール 【働D-パントテニルアルコール】	合成成分。皮膚内でビタミンB5に変わるプロビタミンの一種。細胞の代謝を高め、ターンオーバーを整える	●	●		
	VEP-M 【働dl-α-トコフェリルリン酸ナトリウム】	合成成分。油溶性ビタミンの一種であるビタミンEの誘導体。皮膚内でビタミンEに変わる。抗酸化作用があり、活性酸素を消去することで炎症を引き起こす物質の生成を抑える。美白やシワ改善の有効成分としても用いられる	●			
	酢酸トコフェロール 【働酢酸DL-α-トコフェロール】	合成成分。油溶性ビタミンの一種であるビタミンEの誘導体。皮膚内でビタミンEに変わる。抗酸化作用がある。また、末梢血管を拡張することで血行を促進する			●	
	ニコチン酸アミドまたはナイアシンアミド	合成成分。水溶性ビタミンB群の一種であるビタミンB3。血行を促進し、皮膚のバリア機能を改善する。美白やシワ改善の有効成分としても用いられる		●	●	
	尿素	合成成分。NMF（天然保湿因子）を構成する成分の1つ。水分を引き寄せるだけでなく、角層のタンパク質に働きかけ、角層を柔軟にすることで、蓄積した角質をはがす働きもある				●
皮膚水分保持能の改善	ライスパワー®No.11 【働米エキスNo.11】	米から抽出したエキスをさらに発酵させてつくられたエキス。細胞間脂質を増やして肌の水分保持機能を強化する 米				●

※表示名称が慣用名と違う場合は〔 〕内に表示しています
※成分例は医薬部外品の表示名称を働で記載しています

4

毛穴

毛穴が目立ってしまう原因は
加齢、皮脂、汚れなどさまざまです。
主な原因とお手入れ方法をまとめています。

〈 毛穴が目立つ主な原因 〉

　毛穴が目立ってしまうのは、毛穴の数が関わっていると考えられがちですが、**毛穴の数は生まれたときにはすでに決まっており、増えることはありません。**
　一方、毛穴の**出口部分は大きくなる**ことがあります。10代では皮脂腺が活発になることをきっかけに毛穴が開き（開き毛穴）、角栓ができやすくなります（詰まり毛穴）。30代以降はたるみにより毛穴が目立ちやすくなります（たるみ毛穴）。

年齢によって毛穴が目立つ原因が違うよ

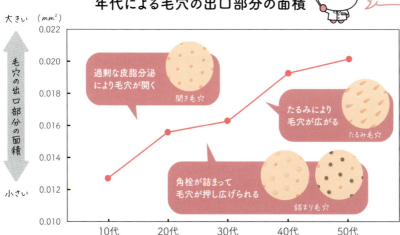

* FJ 45(2), 12-21, 2017 一部改変

　目立つ毛穴は、原因やその状態により**開き**毛穴（過剰な皮脂分泌により毛穴が開いた状態）・**詰まり**毛穴（角質肥厚により毛穴が詰まった状態）・**たるみ**毛穴（たるみにより毛穴が広がって見える状態）の大きく3タイプに分けられ、これら複数のタイプが混在していることもあります。

角栓の正体は？

「角栓＝皮脂」というイメージがありますが、実は角栓は、**全体の約30％が脂質で、残りの約70％は角層細胞由来のタンパク質**でできています。

* J Soc Cosmet Chem Jpn 41(4), 262-268, 2007 参照

〈 毛穴が目立つ原因とお手入れ方法 〉

03 肌悩みの原因とお手入れ — 毛穴

タイプ	状態	原因
開き毛穴	過剰な皮脂分泌により毛穴が開いている／顔全体にできる	**過剰な皮脂分泌**が続くことにより、**毛穴の出口部分が物理的に押し広げられて開く**。また、酸化した皮脂により毛穴まわりに不全角化が起こることで、**毛穴がすり鉢状になり、目立つようになる**
詰まり毛穴	角質肥厚により毛穴が詰まっている／Tゾーンに多い（小鼻の溝や鼻の頭に特に多い）	**皮脂や余分な角質、汚れなどが混ざり合って、白い塊（角栓）ができる**。角栓ができると物理的に毛穴が押し広げられ、目立つようになる／**皮脂が酸化**したり、**産毛が詰まったりメラニン**の影響で角栓が黒く見える
たるみ毛穴	たるみにより毛穴が広がって見える／頬に多い	**真皮の老化（コラーゲン線維の減少や筋力の低下など）**により頬の弾力が低下し、**毛穴を支えきれなくなる**。毛穴が**重力によって下に引っ張られる**ことで形状が**楕円形**に開いて見える／さらに悪化すると、隣の毛穴と帯状に連なってしまう（**帯状毛穴**）

72

毛穴の目立ちはタイプによって原因とお手入れ方法が異なります。毛穴の状態に合わせて正しくお手入れしましょう。

お手入れ方法	効果的な成分
・日中はティッシュなどで余分な皮脂を取り除き、やさしく洗顔して肌を清潔に保つ ・皮脂が多いからといってスキンケアを怠るのではなく、油分が少なめで保湿効果の高い化粧水や美容液、ジェルなどの化粧品でお手入れ ・美容医療ではフラクショナルレーザーなどのレーザー治療も有効	・皮脂抑制作用のある**ライスパワー®No.6**〔部**米エキスNo.6**〕、**ビタミンC誘導体**、**グリシルグリシン**〔化**ジペプチド-15**〕など
・**酵素洗顔、クレイ系のパック、スクラブ剤で詰まった角栓を取り除く** ・洗顔前にホットタオルで肌を温めて、一時的に毛穴を開かせてからお手入れをすることも有効	・余分な角質を取り除く効果のある**プロテアーゼ**〔部**蛋白分解酵素**〕、**パパイン**など ・皮脂の酸化を防ぐ**抗酸化作用**のある**ビタミンC**や**ビタミンC誘導体**など
・ハリや弾力をつかさどる真皮に働きかけるエイジングケア化粧品でお手入れ ・ラジオ波やHIFU(ハイフ)などによる治療のほか、深部への有効成分の浸透にはイオン導入やエレクトロポレーションも有効	・コラーゲン線維を増やす働きがある**レチノール**や**ペプチド**、**抗酸化**作用のある**ビタミンC**や**ビタミンC誘導体**、**コエンザイムQ10**〔化**ユビキノン**〕など

※ライスパワーは勇心酒造株式会社の登録商標です
※成分例は化粧品の表示名称を化で、医薬部外品の表示名称を部で記載しています

73

5 シミ

シミがどうしてできるのか?

どうやってできるのか?

シミができるメカニズムを知って

セルフケアをしてシミができるのを防ぎましょう。

〈 シミができるしくみと美白有効成分の働き 〉

シミができる大きな原因の1つに**紫外線**があります。紫外線を浴びると、表皮角化細胞から**より多くのメラニンをつくるように指令が出ます**。これを受けてメラノサイトは**チロシナーゼ**（メラニンをつくる酵素）の働きで**メラニン生成量を増やします**。つくられたメラニンは、メラノサイトの樹状突起から**まわりの表皮角化細胞へ引き渡され**、**ターンオーバーによって排出**されますが、**メラニンが過剰につくられ続けたり、ターンオーバーが遅くなるとメラニンが蓄積し、シミとなってあらわれます**。美白有効成分は、これらの段階にアプローチしてシミを予防します。

①メラニン生成指令を阻止する
- トラネキサム酸
- カモミラET　　・TXC
- グリチルレチン酸ステアリルSW

⑤メラニンの蓄積を抑える
（メラニン排出促進）
- デクスパントノールW
- エナジーシグナルAMP

④メラニンを還元する
- ビタミンC
- ビタミンC誘導体

③メラニンの引き渡しを抑える
- ナイアシンアミドまたはニコチン酸アミド

②メラニンの生成を抑える

チロシナーゼ活性阻害
- ビタミンC　　・ビタミンC誘導体
- アルブチン　　・コウジ酸　・エラグ酸
- ルシノール　　・4MSK

チロシナーゼ成熟阻害
- マグノリグナン

チロシナーゼ分解
- リノール酸S

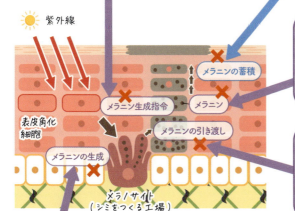

検定 POINT

03 肌悩みの原因とお手入れ

効能・効果	成分名	特徴	主な作用
メラニンの生成を抑え、シミ・そばかすを防ぐ	トラネキサム酸	合成成分。医薬品の薬効成分（抗炎症、抗出血作用）から転用された。**炎症**を抑えることで、表皮角化細胞からの**メラニン生成指令を抑える**	①メラニン生成指令を阻止する
	カモミラET	ハーブのカモミール（カミツレ）の花から抽出したエキス。**炎症**を抑えることで、表皮角化細胞からの**メラニン生成指令を抑える**　カミツレ	①メラニン生成指令を阻止する
	TXC［部トラネキサム酸セチル塩酸塩］	合成成分。トラネキサム酸の誘導体。皮膚に吸収された後、**トラネキサム酸**となり効果を発揮する	①メラニン生成指令を阻止する
	グリチルレチン酸ステアリルSW	マメ科植物甘草の根茎から得られるグリチルレチン酸の誘導体。**炎症**を抑えることで、表皮角化細胞からの**メラニン生成指令を抑える**　甘草の根茎	①メラニン生成指令を阻止する
	・ビタミンC［部アスコルビン酸］ ・ビタミンC誘導体［部リン酸L-アスコルビルマグネシウム、L-アスコルビン酸 2-グルコシド、3-O-エチルアスコルビン酸など］	合成成分。ビタミンC誘導体はビタミンC（アスコルビン酸）を安定化させた誘導体。**チロシナーゼの活性を阻害する**。また還元作用により**メラニンそのものの色を薄くする**働きもある	②メラニンの生成を抑える：チロシナーゼ活性阻害 ④メラニンを還元する
	アルブチン	合成成分。コケモモやウワウルシにも含まれる。**チロシナーゼの活性を阻害する**　コケモモ	②メラニンの生成を抑える：チロシナーゼ活性阻害
	コウジ酸	微生物発酵。みそやしょうゆに含まれる麹由来の成分。**チロシナーゼの活性を阻害する**　みそ	②メラニンの生成を抑える：チロシナーゼ活性阻害
	エラグ酸	マメ科植物タラの鞘を原料につくられる。イチゴにも含まれる。**チロシナーゼの活性を阻害する**。抗酸化作用もある　タラの鞘	②メラニンの生成を抑える：チロシナーゼ活性阻害

シミ

※認知度の高い成分を協会が選定し、まとめています
※成分例は医薬部外品の表示名称を部で記載しています

効能・効果	成分名	特徴	主な作用
メラニンの生成を抑え、シミ・そばかすを防ぐ	ルシノール [部 4-n-ブチルレゾルシン]	合成成分。もみの木に含まれる成分をもとに開発された。**チロシナーゼの活性を阻害する**	②メラニンの生成を抑える：チロシナーゼ活性阻害
	4MSK [部 4-メトキシサリチル酸カリウム塩]	合成成分。**サリチル酸**の誘導体。慢性的なターンオーバーの不調に着目して開発された。**チロシナーゼの活性を阻害する**	②メラニンの生成を抑える：チロシナーゼ活性阻害
	マグノリグナン [部 5,5'-ジプロピル-ビフェニル-2,2'-ジオール]	合成成分。ホオノキの成分をもとに開発された。**チロシナーゼの成熟を阻害する**	②メラニンの生成を抑える：チロシナーゼ成熟阻害
	リノール酸S	サフラワー油などの植物油に含まれる成分。**チロシナーゼを分解する**だけでなく、**ターンオーバーを促す**作用も期待できる	②メラニンの生成を抑える：チロシナーゼ分解
	ナイアシンアミドまたはニコチン酸アミド	合成成分。水溶性の**ビタミンB_3（ナイアシン）**の一種。**メラニンが表皮角化細胞に引き渡されるのを抑制する**	③メラニンの引き渡しを抑える
メラニンの蓄積を抑え、シミ・そばかすを防ぐ	PCE-DPまたはm-ピクセノール [部 デクスパンテノールW]	合成成分。水溶性の**ビタミンB_5**のプロビタミンの誘導体。表皮角化細胞のエネルギー代謝を高めて**ターンオーバーを促進する**ことにより、**メラニンの蓄積を抑える**	⑤メラニンの蓄積を抑える（メラニン排出促進）
	エナジーシグナルAMP [部 アデノシン一リン酸二ナトリウムOT]	天然酵母由来の成分。基底細胞のエネルギー代謝を高めて**ターンオーバーを促し、メラニンを排出する**	⑤メラニンの蓄積を抑える（メラニン排出促進）

美容医療で使用されるハイドロキノンは、チロシナーゼの働きを抑えたり、メラニンを還元して色を薄くする効果も高いことが知られている成分だよ。長期間使用すると白斑が起こる懸念から、日本では化粧品に使用されることは多くなく、主に美容クリニックで治療目的で使用されているよ。

〈 シミのタイプ別・原因とお手入れ方法 〉

03 肌悩みの原因とお手入れ

シミとよばれるものは、淡褐色、または暗褐色の色素斑です。医学的には老人性色素斑、雀卵斑（そばかす）、炎症後色素沈着、肝斑などに分けられます。シミの中にも美白有効成分が効くものと効かないものがあります。

シミ

タイプ	できやすい場所と見分け方	発生しやすいタイミング	形・大きさ・色
紫外線色素沈着（サンタン）	紫外線を浴びた後に肌全体にできる	紫外線を浴びた後（8～24時間後）	いわゆる日焼けのこと。紫外線を浴びた後に肌全体が黒褐色になる
老人性色素斑（ろうじんせいしきそはん）（日光黒子）	紫外線が当たりやすい頬骨の高いところやこめかみにできやすい	30～40歳以降	直径数ミリから数十ミリのさまざまな大きさの丸い色素斑。薄い茶からしだいに濃くなり黒くはっきりしてくる
雀卵斑（じゃくらんはん）（そばかす）	主に頬や鼻を中心に散らばるようにできる。白色人種や色白の人は目立ちやすい	若年時（幼児期～思春期）	直径5mm以下（2～3mm程度）の小さな点状に広がるシミで、丸ではなく三角や四角の場合が多く、薄い茶色（褐色）のものがほとんど
炎症後色素沈着（えんしょうごしきそちんちゃく）	ニキビや虫さされ、傷ができた場所にできやすい。軽いものは数カ月から半年で薄くなる	皮膚炎の後	赤（淡褐色）から黒い色（濃褐色）までさまざま
肝斑（かんぱん）	頬骨あたりに左右対称にできる。前額、頬、上唇、下あごあたりにもできることがある。閉経後に自然に消えることが多い	成人～閉経期や妊娠中	左右対称にできるのが特徴。色は淡褐色や暗褐色などさまざま

> 美白化粧品はメラニンの生成を抑える、メラニンの排出を促すことでシミを防ぐよ。できてしまったシミを改善するのは難しいから紫外線対策をしっかりして、シミができる前に予防することも大切だよ！

原因	お手入れ方法
紫外線を浴びた後に一時的にメラニンが増えることで起こる。時間がたてば完全に消失するが、その時間は20代で3週間、30代で4カ月、40代では1年以上といわれている ※サンタンについて詳しくは本書 P143 を参照	・**日焼け止めなどで紫外線対策**をすると同時に、**美白化粧品を使用する**ことで改善できる
シミの中で**もっとも多く発生するタイプ**。主に**紫外線の影響**によって表皮角化細胞のDNA損傷が蓄積することで**メラニンがつくられ続ける**ことによりできる。過去に浴びた紫外線の影響で徐々にあらわれ、自然に消失することはない	・**日焼け止めなどで紫外線対策**をすると同時に、ごく初期の薄いうちにシミが定着しないよう、**美白化粧品で予防**することが重要 ・レチノールなどの角質ケア成分でターンオーバーを促進し、**メラニンの排出を促す** ・色が濃く定着したものは美白化粧品では改善は難しいため、レーザーなどによる治療が必要。ただしレーザー治療後も再発する可能性もあり
遺伝的な要因ででき、幼児期から思春期にかけて目立つ傾向にある。短期間に大量の**紫外線**を浴びることで濃くなることもある	・遺伝性のため**美白化粧品による予防効果があらわれ**にくい ・**日焼け止めなどで紫外線対策**をすることで、目立ちにくくすることが期待できる ・レーザーなどによる治療が必要になるが再発する可能性が高く、完全に治すことは難しい
ニキビや**虫さされ**、**傷**などによる肌の**炎症**が治った後にメラニンが増えることでできる。毛抜きでむだ毛を抜いていると毛穴まわりが黒く跡になることも	・炎症を起こしているときは、**日焼け止めなどで紫外線対策**をし、さらに美白作用とともに抗炎症作用もある**美白化粧品を使用**すると効果的 ・洗顔時の**こすりすぎ**や紫外線などの**刺激**も**メラニン生成を活性化**してしまうので要注意 ・重度のものは治療でも軽減しにくい ※原則としてレーザー治療は禁忌
女性ホルモンのバランスがくずれたときや**紫外線による影響**でできることが多い。妊娠中やピルを服用したとき、また更年期の人によく見られる	・**日焼け止めなどで紫外線対策**をすると同時に、**洗顔時のこすりすぎなどの刺激を避ける**ことが重要 ・治療としては、ハイドロキノンによる色素還元、トレチノインによるターンオーバー促進、ビタミンCのイオン導入、トラネキサム酸の内服などが有効 ※原則としてレーザー治療は禁忌

79

6 くすみ

なんだか透明感がない、
元気がないように見える、
冴えない、そんなときはくすんだ状態。
くすみの原因を知り透明感のある肌を
手に入れましょう。

くすみとは顔全体や目のまわり、頬などに生じ、**肌の赤み**が**減少して黄み**が**増し**、または**肌のツヤや透明感**が**減少**したり、皮膚表面の凹凸による影によって**明度が低下して暗く見える状態**です。

〈 肌の色に影響を与えるものは? 〉

肌の色は、**乳白色の真皮**と**半透明の表皮**、さらに**メラニンの量**、**真皮の毛細血管を流れる血液中のヘモグロビンの色**などにより影響を受けます。老化や肌荒れなどで角層が厚くなったり、メラニンの影響を受けたり、血行が悪くなったりすることで、肌の色が暗く、くすんで見えることもあります。

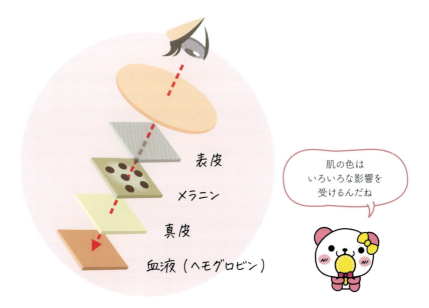

《 くすみのタイプ別・原因とお手入れ方法 》

03 肌悩みの原因とお手入れ — くすみ

タイプ	角質肥厚型	乾燥型	血行不良型
原因と状態	ターンオーバーが遅くなり、角質肥厚が起こることでくすむ	加齢や乾燥によりきめが乱れ、肌の表面に凹凸ができることで光が乱反射してくすむ	加齢や疲労、睡眠不足などによって血行が悪くなることでくすむ
見え方	灰色がかっている ※ひじやひざ、かかとに多く見られる	透明感やツヤがない	血色が悪い、青黒い
お手入れ方法	・ピーリングや酵素・スクラブ洗顔、ピールオフパック、ふきとり化粧水などで、余分な角質を取り除く。ただし、一時的に肌が敏感になっているときはこれらのお手入れは避ける	・保湿ケアをすることが大切 ・基本のお手入れに保湿美容液、マスクやパックをプラスする	・血行をよくすることが大切 マッサージやホットタオル、入浴で身体を温める。タバコを控え、適度に運動する
効果的な成分	・ピーリング成分としてAHA（アルファヒドロキシ酸）である乳酸、リンゴ酸など。酵素はタンパク質分解酵素であるパパイン、プロテアーゼ［部 蛋白分解酵素］など	・保湿成分であるセラミド［化 セラミドNP、セラミドEOPなど］、ヒアルロン酸［化 ヒアルロン酸Na］、コラーゲン［化 水溶性コラーゲン］、アミノ酸［化 セリン、プロリン、ヒドロキシプロリンなど］など	・血行促進効果があるカプサイシン［化 トウガラシ果実エキス］やビタミンE誘導体［化 酢酸トコフェロールなど］、炭酸［化 二酸化炭素］など

くすみは大きく6つのタイプに分けられ、これらが複合的に起こっていることもあります。

糖化型	カルボニル化型	メラニン型
肌の中で**タンパク質と糖が結び**つき、茶褐色の「**AGEs（最終糖化産物）**」がつくられることでくすむ	肌の中で**タンパク質と過酸化脂質（酸化された脂質）が結び**つき、黄色く変性したタンパク質「**ALEs（脂質過酸化最終産物）**」がつくられることでくすむ	紫外線によってつくられた**褐色～黒色のメラニン**が排出されずに残ることで、くすむ
茶色っぽい黄ぐすみ（黄褐色）	黄ぐすみ	暗く黄みがかる ※色ムラがあることも
・**抗糖化**成分を配合した化粧品でお手入れを ・紫外線対策を行う ・**抗糖化作用のあるカモミール茶やドクダミ茶**などを摂り、**血糖値を急上昇させない食事**を心がける	・**抗酸化**成分を配合した化粧品でお手入れをする ・紫外線対策を行うなど**酸化の要因を避ける**	・**紫外線**対策とともに**美白ケア**を行う。ターンオーバーを促し、**メラニンを滞らせない**ようにする
・**糖化反応を抑えるゲットウ葉エキス**、ドクダミエキス、糖化反応を抑えるだけでなくAGEsの分解も促進する**ウメ果実エキス**、角層のAGEsを除去する**レンゲソウエキス**など	・**活性酸素**を抑える**抗酸化作用**のある**ビタミンE誘導体**、フラーレン、**アスタキサンチン**など	・**メラニンの排出を促す作用**や、**メラニンを還元する作用**のある**美白有効**成分 ・化粧品成分としてはターンオーバーを促進する**レチノール**など

※成分例は化粧品の表示名称を⓭で記載しています

7 くま

顔の印象を決める目元。

そんな目元の悩みとして多いのはくま。

疲れて見えたり、老けて見える原因にも。

くまのタイプをチェックして

タイプに合わせて

お手入れしましょう。

疲れた印象や老けた印象を与える目の下のくま。くまは茶くま（色素沈着型）・青くま（血行不良型）・黒くま（たるみ型）の大きく3タイプに分けられ、これらのタイプが同時にできることもあります。自分のタイプを知り、原因ごとに対策をしましょう。

くまのタイプをチェック☑

あてはまる数が多いものが、
あなたにできやすいくまのタイプです。

☐ メイクはバッチリ！つけまつ毛やアイメイク重視派
☐ 目元専用クレンジングは使わない
☐ 目をこすってしまうことが多い
☐ シミ・そばかすができやすい
☐ アウトドアが大好き

→ **茶くま**
（色素沈着型）

☐ 毎日、長時間パソコンに向かう
☐ 睡眠不足
☐ 疲れがなかなか取れない
☐ 冷え性である
☐ ほとんど運動していない

→ **青くま**
（血行不良型）

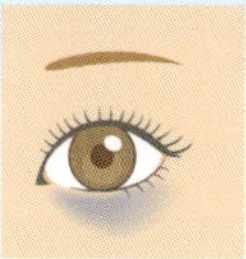

☐ ほうれい線が気になる
☐ 目元のたるみ、シワが気になる
☐ アイクリームを使っていない
☐ 目元がカサつきやすい
☐ 顔が疲れているように見える

→ **黒くま**
（たるみ型）

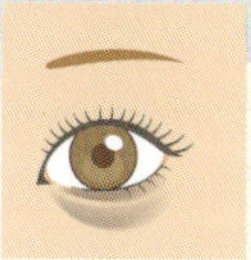

85

〈 くまのタイプ別・原因とお手入れ方法 〉

03 肌悩みの原因とお手入れ

タイプ	状態	見分け方	原因
茶くま（色素沈着型）	メラニンにより茶色く見える	引っぱっても上を向いても変わらない	目をこするなどの摩擦による刺激を多く受けることで色素沈着につながる。紫外線によるシミが原因で起こることも
青くま（血行不良型）	滞った血液が目の下の薄い皮膚を通して青黒く見える	目尻を横に引っぱると薄くなる。日によって見え方が違う	目のまわりの毛細血管の血流が滞ることで起こる。コラーゲンの減少により皮膚が薄くなり、血管が透けて見えることでも起こる。目の疲れや冷え、寝不足、加齢など
黒くま（たるみ型）	影ができて黒く見える。むくみが加わるとさらに目立つ	上を向くと目立ちにくくなる	年齢とともにハリや弾力が低下し、目の下に凹凸ができる。さらに悪化すると眼輪筋（がんりんきん）が衰え、眼窩脂肪（がんかしぼう）がずり下がり、下まぶたが突き出ることも

くま

86

自分のくまのタイプがわかったら、くまの状態に合わせて正しくお手入れをしましょう。

お手入れ方法	効果的な成分
・炎症を抑えるケアや、美白ケアが効果的。UVケア化粧品で目元の紫外線対策をすることも重要 ・アイメイクはこすらず、やさしく落とす ※あざ（太田母斑など）の場合はレーザー治療以外はほとんど効果がない	・トラネキサム酸やカモミラETなど美白作用とともに抗炎症作用もあるもの カミツレ ・メラニンの排出を促す作用や、メラニンを還元する作用のある美白有効成分 ※美白有効成分について詳しくは本書 P76-77 参照
・血行をよくするマッサージやツボ押しを行う ・目を酷使しすぎず睡眠をしっかりとること、冷え改善のためにアイマスク、ホットタオルや入浴も効果的 	・血行促進作用があるカフェイン、ビタミンE誘導体[化酢酸トコフェロールなど]、カプサイシン[化トウガラシ果実エキス]、生姜[化ショウが根茎エキス]のほか、コラーゲンの生成を促すビタミンCやビタミンC誘導体など トウガラシ　　生姜
・シワ改善の医薬部外品やコラーゲン生成を促すケアがおすすめ ・目を開けたまま眼球だけを上下左右に動かす眼輪筋トレーニングを行う ・塩分や冷たい飲み物をひかえる、運動するなどのむくみ対策を行う ・化粧品では限界があり、美容医療ではヒアルロン酸注射や下眼瞼手術が有効	・シワ改善の有効成分であるレチノールやビタミンB₃[化ナイアシンアミド、ニコチン酸アミド]、コラーゲン生成促進作用のあるビタミンC誘導体やペプチド、コラーゲンペプチド[化加水分解コラーゲンなど]、細胞を活性化する作用が期待できる幹細胞培養液など ※シワ改善有効成分について詳しくは本書 P93-95 参照

※成分例は化粧品の表示名称を化で記載しています

8 シワ・たるみ

年齢を重ねてくるとあらわれるシワ、たるみ。
さまざまなケア方法を知ることで
みずみずしい肌を保ちましょう。

シワは目元や口元だけでなく、額や眉間にもあらわれ、年齢を感じやすい肌悩みの1つです。シワは**乾燥が原因となり表皮にあらわれる小ジワ（表皮性シワ）**と、**真皮のコラーゲン線維やエラスチン線維がダメージを受けたことで起こる深いシワ（真皮性シワ）**、同じ表情を繰り返したことによりできる**表情ジワ**の大きく3タイプに分けられます。これらのタイプが混在していることや、小ジワが深いシワに、深いシワが**たるみ**につながることもあります。

〈 シワ・たるみが起こりやすい部位 〉

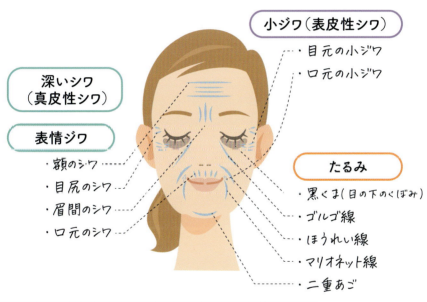

小ジワ （表皮性シワ）	部位：目元や口元 表皮にある角層の乾燥が原因となってできる
深いシワ （真皮性シワ）	部位：目尻、口元、眉間、額 真皮のコラーゲン線維やエラスチン線維がダメージを受けたことでできる
表情ジワ	部位：目元、口元、眉間、額 笑ったり、口を動かしたりと表情に伴ってできる
たるみ	部位：まぶたや目の下（黒くま）、ゴルゴ線、ほうれい線、マリオネット線、フェイスライン（二重あご） 表情筋が衰え、肌のハリ、弾力が低下し、皮膚や脂肪を支えきれなくなることが原因でできる

シワやたるみは顔のいろいろなところにあらわれるよ

〈 シワのタイプ別・原因とお手入れ方法 〉

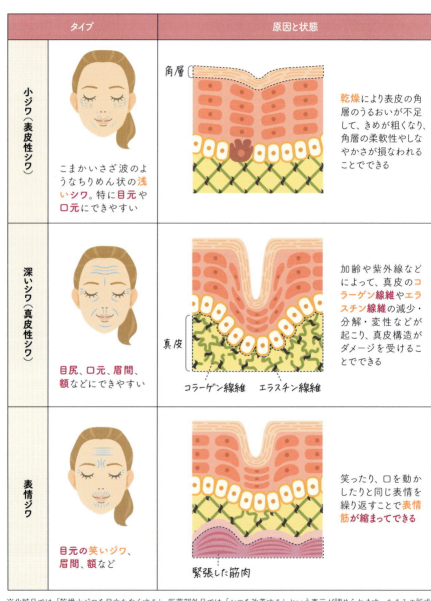

タイプ		原因と状態
小ジワ（表皮性シワ）	こまかいさざ波のようなちりめん状の浅いシワ。特に目元や口元にできやすい	乾燥により表皮の角層のうるおいが不足して、きめが粗くなり、角層の柔軟性やしなやかさが損なわれることでできる
深いシワ（真皮性シワ）	目尻、口元、眉間、額などにできやすい	加齢や紫外線などによって、真皮のコラーゲン線維やエラスチン線維の減少・分解・変性などが起こり、真皮構造がダメージを受けることでできる
表情ジワ	目元の笑いジワ、眉間、額など	笑ったり、口を動かしたりと同じ表情を繰り返すことで表情筋が縮まってできる

※化粧品では「乾燥小ジワを目立たなくする」、医薬部外品では「シワを改善する」という表示が認められます。たるみの訴求はできません。詳しくは日本化粧品検定1級対策テキスト コスメの教科書 P203-204 参照

シワのタイプに合わせて適切なお手入れをしましょう。

お手入れ方法	効果的な成分
・角層が乾燥しないようにしっかりと化粧品で**保湿する**。油分の多いクリームなどを使ってうるおいをキープする ・**効能評価試験済み**の「**乾燥による小ジワを目立たなくする**」と記載のある化粧品でお手入れするのも有効	・**エモリエント効果のあるスクワラン**、**ワセリン**などの油性成分 ・**セラミド**［化**セラミドNP、セラミドEOP**など］などの保湿剤
・肌内部の**コラーゲン線維、エラスチン線維の増加や修復を促す**化粧品や「**シワを改善する**」**医薬部外品**がおすすめ ・美容医療においては、ヒアルロン酸注入、ボトックス注射、フラクショナルレーザーなどが有効	・シワ改善の有効成分である**ニールワン、純粋レチノール、ナイアシンアミド、VEP-M、ライスパワーNo.11+** ・コラーゲンの生成を促す**ビタミンC**［化**アスコルビン酸**］や**ビタミンC誘導体**［化**アスコルビルグルコシド**など］、**コラーゲンペプチド**［化**加水分解コラーゲン**］、**細胞を活性化**する作用がある**幹細胞培養液**など
・**マッサージ**などで**筋肉の緊張をゆるめる**ことがポイント ・化粧品では限界があり、美容医療ではボトックス注射も有効	・緊張緩和作用のあるペプチドである**蛇毒類似物質シンエイク**［化**ジ酢酸ジペプチドジアミノブチロイルベンジルアミド**］、ボトックス類似物質である**アルジルリン**［化**アセチルヘキサペプチド-8**］や**オクラ種子エキス**［化**加水分解オクラ種子エキス**］など

※成分例は化粧品の表示名称を化で記載しています

91

> 乾燥しやすいから小ジワ（表皮性シワ）ができやすいよ

目元の皮膚が乾燥しやすいのはなぜ？

03 肌悩みの原因とお手入れ

眼球の周りはクッションのような役割を果たすやわらかい脂肪で覆われていて、それをとても薄いまぶたが支えています。目元の皮膚は顔（頬）と比較して汗腺や皮脂腺が少なく、角層も薄いためバリア機能が低い部位です。そのため水分が蒸発しやすく、乾燥しがちで小ジワ（表皮性シワ）があらわれやすいのです。

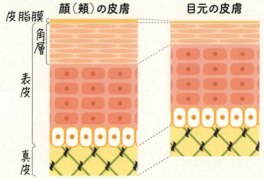

2016年に初めて認められた「シワ改善」

化粧品の効能の範囲には「シワ」に対するものがなかったため、長い間シワに対する広告表現はできませんでした。しかし2011年より「新規効能取得のための抗シワ製品評価試験ガイドライン」で規定された試験を行い、その製品のシワに対する効果が確認された場合、化粧品の効能表現として「乾燥による小ジワを目立たなくする」が広告で表現できるようになりました。

その後、2016年には初めて真皮性のシワに対して「シワ改善」の有効成分が承認され、2017年に日本で初めて医薬部外品で「シワを改善する」という効能効果で承認を受けた商品が誕生しました。

シワ・たるみ

《 シワ改善における医薬部外品の有効成分 》

真皮性の深いシワに対する医薬部外品の有効成分は、表皮・真皮などに作用してシワを改善します。

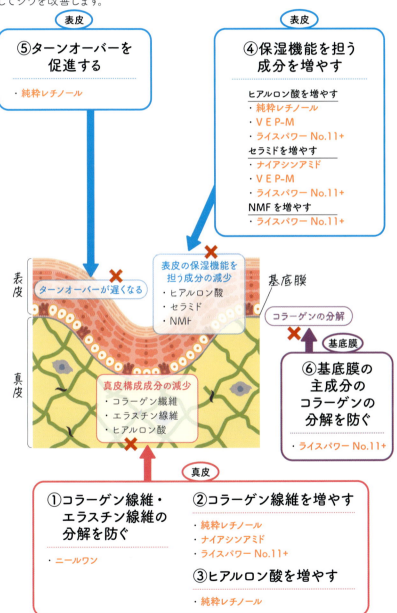

〈 シワ改善における医薬部外品の有効成分 〉

03 肌悩みの原因とお手入れ / シワを改善する

効能・効果	成分名 由来	主な作用
シワを改善する	**ニールワン®** [部 三フッ化イソプロピルオキソプロピルアミノカルボニルピロリジンカルボニルメチルプロピルアミノカルボニルベンゾイルアミノ酢酸Na] 独自に開発された合成成分	**真皮** ①コラーゲン線維・エラスチン線維の分解を防ぐ ・紫外線や乾燥などの刺激によって微弱な炎症が起こると、コラーゲン線維やエラスチン線維を分解する酵素である好中球エラスターゼが放出される。ニールワンは好中球エラスターゼの働きを抑え、コラーゲン線維やエラスチン線維の分解を防ぎ、真皮の構造を守る
	純粋レチノール [部 レチノール] 合成成分。油溶性ビタミンの1つであるビタミンA	**表皮** ④保湿機能を担う成分を増やす（ヒアルロン酸） ⑤ターンオーバーを促進する ・表皮のヒアルロン酸の産生を促進することで、角層水分量を増やし、角層をやわらかくする。また、ターンオーバーを促進する **真皮** ②コラーゲン線維を増やす ③ヒアルロン酸を増やす ・コラーゲン線維やヒアルロン酸の産生を促進する
	ナイアシンアミド 合成成分。水溶性ビタミンB群の1つであるビタミンB$_3$	**表皮** ④保湿機能を担う成分を増やす（セラミド） ・セラミドの産生を促進し、バリア機能を改善する **真皮** ②コラーゲン線維を増やす ・コラーゲン線維の産生を促進する

※ニールワン®はポーラ化成工業株式会社の登録商標です
※成分例は医薬部外品の表示名称を部で記載しています

シワ改善の有効成分について、主な作用を学びましょう。

効能・効果	成分名 由来	主な作用
シワを改善する	**VEP-M** 〔部dl-α-トコフェリルリン酸ナトリウムM〕 合成成分。 ビタミンEの誘導体	セラミド ヒアルロン酸 **表皮** ④保湿機能を担う成分を増やす （ヒアルロン酸、セラミド） ・表皮の**セラミドとヒアルロン酸の産生を促進**し、水分量を増やすことで**表皮を柔らかくする**。 ・表皮でつくられる炎症物質を抑え、**真皮のコラーゲン線維の分解を防ぐ**
	ライスパワー No.11+ 米を独自の技術により発酵して得られる成分	**表皮** ④保湿機能を担う成分を増やす （ヒアルロン酸、セラミド、NMF） ・表皮の**セラミド、ヒアルロン酸、NMFの産生を促進**する **真皮** ②コラーゲン線維を増やす ・線維芽細胞に働きかけ、**コラーゲン線維を増やす** **基底膜** ⑥基底膜の主成分のコラーゲンの分解を防ぐ ・基底膜の主成分である**コラーゲン線維を分解する酵素の活性を抑える**

目尻はシワが気になりやすい部分だね。目尻のシワにシワ対策の化粧品を塗る場合は、シワを2本の指で広げながら、しっかりとシワの溝にクリームを塗り込もう。目元の皮膚は薄いから、薬指の腹を使ってやさしくケアするといいよ！

〈 たるみの原因とお手入れ方法 〉

たるみは、**真皮だけでなく皮下組織まで含めた皮膚全体の構造変化**により起こります。皮膚だけでなく**筋肉の機能低下**も影響し加齢とともに進行します。**表情筋**が衰え、脂肪が増えるとともに**真皮、皮下組織**の構造が変化してしまうことで肌のハリ、弾力が低下し、結果として**皮膚や脂肪を支えきれなくなり肌全体が下がりたるみ**ができます。目の下では眼窩脂肪が下がり、下まぶたが突き出ることでたるみができます（黒くま）。また、**シワが深くなることでもたるみにつながる**こともあります。

※黒くまについて詳しくは本書P84-87参照

たるみのない皮膚

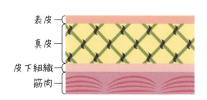

たるみのある皮膚

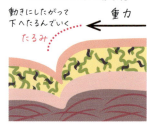

お手入れ方法

化粧品ではたるみに対して直接的に作用することは難しいため、たるみが起こる前に予防することが大切です。スキンケアだけでなく紫外線対策をきちんと行いましょう。また、**コラーゲン線維**や**エラスチン線維の増加や修復を助けるケア**を行い、**表情筋を鍛える体操**などを取り入れることも有効です。

よく噛むことでマッサージや適度な運動、入浴などで代謝を高めるのもよいでしょう。

※ヒアルロン酸などのフィラー注入、各種レーザー治療、スレッドリフト、フェイスリフトなどの美容医療が有効

たるみが起こりやすい部位

たるみは、まぶたや目の下（黒くま）、フェイスライン、口元など顔全体で起こり、**毛穴の目立ちの原因になる**ことも。皮膚と深部組織をつなぎとめる**靭帯**などの影響で、**ほうれい線**や**マリオネット線**、**ゴルゴ線**などはたるみが目立ちやすい部位です。

PART 04

骨格に合わせた
メイクアップ

メイクアップは、
目に見えて変化がわかりやすく、
きれいになって気分も上がる、とても楽しいこと。
しかし、方法を間違えてしまうと、
魅力を損なうことにもなりかねません。
準2級で学んだ基本的な方法を復習しながら
より魅力を増すメイクの方法を学びましょう。

テクニックをマスターして
きれいになろう！

ベースメイクアップテクニック

メイクアップの手順のなかで
化粧下地からファンデーション、
フェイスカラーまでの
ベースメイクの基本をふまえて、
"なりたい肌"づくりを学びましょう。

※本書では、自分以外の相手に行うメイクアップ方法ではなく、ご自身で行うメイク
アップの手順を掲載しています

メイクアップの基本の手順

検定POINT

メイクアップにはさまざまな方法があります。ここではその方法として**黄金バランス**（**ゴールデンプロポーション** P105）を意識した基本的なメイクアップのテクニックを学びます。

STEP 1　ベースメイクアップ

化粧下地・コントロールカラー
↓
- パウダー状以外のファンデーションを使用する場合：リキッドやクリームなどのファンデーション → コンシーラー → フェイスパウダー
- パウダー状のファンデーションを使用する場合：コンシーラー → パウダーファンデーション

↓
フェイスカラー（チークカラー、ハイライト、シェーディング（シャドー））

STEP 2　ポイントメイクアップ

アイブロウ
↓
アイカラー（アイシャドー）
↓
アイライナー
↓
マスカラ
↓
リップカラー

※上記の手順は目安です。メイクアップの手順はメーカーや商品の特徴によって異なりますので、各商品の推奨手順にしたがってください

1 ベースメイクアップテクニック

メイクアップの土台を作ります

ベースメイクアップをすることで、**肌色**や**肌の質感（ツヤ・マットなど）**を調整したり、シミやニキビ跡などの**肌トラブル**をカバーしたりして、肌をキレイに見せることができます。また、肌をカバーすることで、**ほこりや紫外線から守る**こともできます。

化粧下地、コントロールカラー 〔検定POINT〕

化粧下地はファンデーションを塗る前に塗布することで、ファンデーションと肌の**密着性を高め**、**メイクのつきやもちをよくする**アイテムです。

色付きの下地など**コントロールカラーとしての効果**をもつものも多くあり、くまやシミ等のトラブルや肌の**色ムラ**を調整することができます。

また、**紫外線カット**効果をもち、**日焼け止めの機能**を兼ね備えているものが多くなっています。

〈 肌色補正 〉

肌色補正をするものには色付きの化粧下地やコントロールカラー、フェイスカラーなどがあります。これらのベースメイクアップ化粧品は、肌の色ムラに対する悩みを補色で打ち消して目立たなくしたり、血色や透明感などの色みを足して肌色を調整することを目的として使います。

色を打ち消す補色

赤・青・黄といった色み（色合い）のことを**色相**といいます。そして**色相が近い順に並べて環状に配置したもの**を「**色相環**」とよびます。**色相環で正反対にある2色**は補色といい、混ざると色を打ち消し、色みをもたない**無彩色**になります。

色	肌色補正効果
ピンク	淡いピンクは肌に血色感をプラスする。自然な血色感で、健康的な印象ややさしい印象に仕上げたいときにも効果的
イエロー	メラニンによる茶色がかったくすみや茶くまを明るくカバーして、健康的なスキントーンに微調整
グリーン	赤ら顔、頬やニキビ跡などの赤みを相殺する。赤みが気になるところにだけ、ポイントで使用
オレンジ	血行不良による青黒いくすみや青くまの悩みに効果的。黒くまやたるみなどの影の暗さをカバーするのにも有効
ブルー・パープル	肌に透明感をまとわせ、エレガントに見せるカラー。黄ぐすみしがちな肌の黄みを抑える働きも

検定POINT ファンデーション

ファンデーションは、主に肌色の補正や質感の調整、くすみやシミ、そばかすなどをカバーする役割があり、紫外線などの外的刺激から保護する働きもあります。

手軽に使えるパウダー（粉状）や、ツヤのある仕上がりになるリキッド（液状）、持ち歩きに便利なクッションタイプなどがあります。

〈 ファンデーションの色選び 〉

ファンデーションの色選びでよくある失敗は、顔の肌色だけで選んで首との色の差がついてしまい、顔が白浮きしてしまうこと。フェイスライン（首と頬の境目または顔の輪郭）で肌だけではなく首とも自然になじむ色を選びましょう。

この辺りでチェック！

〈 化粧下地、ファンデーションの基本の塗り方 〉

頬などの広い面から塗り始めます。細部は厚く塗らないようにしましょう。

※化粧下地や液状・クリーム状のファンデーションは、先に適量を取り、両頬、額、鼻、あごに置きます

1 広い面

頬〜あご

顔の中心から外側に向かって伸ばします。

額

中心から髪の生えぎわに向かって放射状に伸ばします。

2 細部

口のまわり、鼻のまわり
（鼻筋、側面、小鼻）

唇の上、鼻筋〜鼻の側面は、上から下へ伸ばします。小鼻のわきや鼻の下面も塗り忘れがないように。指先やスポンジの先端を使って伸ばします。

目のまわり

目のまわりはよく動く部位で、厚く塗るとくずれやすくなるため、スポンジや手に残った少量を、上まぶたを軽く引き上げ目元に伸ばします。

3 仕上げ

最後にフェイスライン、生えぎわ、首などに化粧下地やファンデーションを足さずに薄く伸ばして仕上げます。

検定POINT コンシーラー

ファンデーションでカバーしきれない**シミやくま**、**ニキビ跡**などの肌悩みを**部分的にカバーする**目的で使用します。

〈 コンシーラーの選び方とつけ方の基本 〉

スティックタイプやコンパクトタイプのかためのコンシーラーは、**カバーしたい所にピンポイントで**塗ります。筆ペンタイプやチップがついたボトルタイプなどのやわらかめのコンシーラーは、気になる**箇所に直接**塗り広げます。どのタイプも塗った箇所とファンデーションとの**境目**を**ブラシ**、**指**、**スポンジ**を使ってなじませます。目のきわや口元などの**よく動く場所は薄く**伸ばします。

種類(形状)	かためで 固形状	やわらかめで リキッド(液状)
タイプ	スティックタイプ コンパクトタイプ	筆ペンタイプ ボトルタイプ
特徴	**カバー力が高い** ピンポイントのお悩みの カバーに適している	**自然なカバー力** 広い範囲の カバーに適している
基本的なつけ方	シミやニキビなどしっかりカバーしたい部分にピンポイントでのせ、ひとまわり大きく薬指やブラシでまわりをトントンとたたくようになじませます 	目元のくまや頬の赤みなど広範囲に気になる部分を中心に数カ所に塗り伸ばし、薬指でトントンとなじませます 

検定POINT フェイスパウダー

フェイスパウダーは、リキッドやクリームファンデーションのテカリやベタつきを抑えて、**透明感のある肌**を演出したり、**余分な皮脂を吸着**して化粧もちをよくしたりするアイテムです。種類によって質感が異なり、**マット**や**ツヤ感**などを演出することができます。

〈 フェイスパウダーの基本のつけ方 〉

パフを使ったつけ方

1 パフになじませる

パフにパウダーをなじませてよく揉み込み、手の甲で余分な粉を払います。

2 広い面からつける

頬・額・あごの順に押さえるようにのせていきます。

3 細部につける

鼻の側面・小鼻・鼻先・鼻筋・鼻の下・目元・口のまわりなどは**パフを折り曲げて**のせ、細部は**先端を使って**やさしく押さえましょう。

ブラシを使ったつけ方

1 ブラシに含ませてのせる

大きめのフェイスブラシの**側面**にパウダーをたっぷり含ませます。ティッシュまたは手の甲で余分な粉を払います。

2 顔全体につける

ブラシの毛を寝かせるように**側面**を肌に当てたら、やさしくなでるようにパウダーをつけます。目のまわりや小鼻は、少し小さめのブラシで同じようにつけます。

3 余分なパウダーを払う

最後に何もついていないフェイスブラシを縦にしてくるくると円を描くように動かすことで、顔についた余分なパウダーを払います。これにより、**透明感・ツヤのある仕上がり**になります。

〈 皮脂くずれを整えるテクニック 〉

化粧直しのときに浮いている余分な皮脂をティッシュやあぶら取り紙で軽く押さえて取り除きます。

ムラになっている部分を軽く指でたたくようにして整えてからファンデーションを薄く塗り、フェイスパウダーを重ねます。

※よりきれいに直したい場合は乳液を含ませたコットンでふき取ってから整えましょう

検定POINT ゴールデンプロポーション

顔の形は人それぞれですが、人目に美しく見える理想的なバランス、"ゴールデンプロポーション"があります。これを覚えておくと、好感度の高い顔バランスに近づくことができます。

① 顔の理想形は**卵型**
② 生えぎわ〜眉頭〜鼻先〜あご先はそれぞれ顔の縦幅の**1/3**
③ 目幅は顔の横幅の**1/5**
④ 口角の位置は瞳の内側を垂直に下ろしたところ
⑤ 上唇の山は鼻先〜あご先の**1/4**
⑥ 下唇の輪郭は鼻先〜あご先の**1/2**

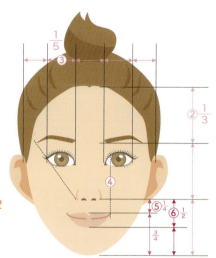

※顔は立体のため、顔幅の両サイドは正面から見るとやや狭くなります

検定POINT フェイスカラー（チークカラー、ハイライト、シェーディング（シャドー））

チークカラー

チークカラーは**頬の血色をよくして**、顔色を生き生きと健康的に見せるアイテムです。

〈 チークカラーの位置の基本 〉

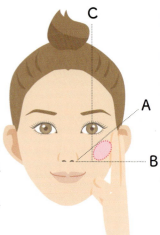

小鼻と**耳の上**をつなぐ線（A）と、**小鼻**と**耳の下**をつなぐ線（B）、そして**黒目の中心**から垂直に下ろした線（C）をつなぎます。図のように**顔の側面から指2本分をあけた**線で囲まれた範囲がチークカラーを入れる基本の位置です。

〈 チークカラーの基本の入れ方 〉

1 チークカラーをブラシに含ませる

ブラシを左右に動かし、**ブラシの中まで**チークカラーをたっぷりと含ませます。

2 量を調整する

頬にのせる前に、ティッシュの上または手の甲でブラシの**表面を軽く払います**。このひと手間で量が調節でき、最初にのせた場所にチークカラーがつきすぎるのを防げます。

3 頬にチークカラーを置く

最初にブラシを置く目安は、にっこりと笑うと頬の筋肉が盛り上がる**頬骨のいちばん高い所**です。

4 チークカラーをぼかす

ブラシに残ったチークカラーを黒目の下あたりから**頬骨**に沿ってやや**斜め上方向**にぼかします。広くなりすぎないように、基本の位置からはみ出さないよう注意しましょう。

---

04 骨格に合わせたメイクアップ ／ ベースメイクアップ

《 なりたいイメージに合わせたチークカラーテクニック 》

なりたいイメージに合わせて入れると効果的な形や場所があります。

面長な顔を 短く見せたい	丸顔をすっきり シャープに見せたい	可愛らしく 見せたい

頬の高い位置にブラシを置き、横長にふんわりぼかすように入れます。	頬骨の高い位置から口角に向かうように縦長に入れます。	にっこりと笑うと頬の筋肉が盛り上がる頬骨の一番高い位置に丸く入れます。

美にまつわる
格言・名言

メイクは女性が自分らしくなる手段であり、
より美しく自信をもって
もらうためのものです

【ボビー・ブラウン】

メイクアップの本質を捉えた名言です。

ハイライト　シェーディング（シャドー）

ハイライトは肌の色より**明るい色**（ホワイトなどの**膨張色**）を使って**光**を集め、**立体感**や**明るさ**を演出します。シェーディングは肌の色より**暗い色**（ブラウンなどの**収縮色**）を使って**影**をつくり、**シャープな輪郭、奥行き感**を演出します。

〈 ハイライトを入れる位置の基本 〉

高く明るく見せたい部分に入れます。

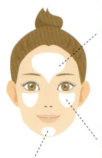

Tゾーンは**額から鼻の付け根**（鼻筋のくぼみ）にかけてつけ、高く見せます。

目の下の逆三角形ゾーンにつけ、目元周辺を明るく見せます。

口の下からあご先につけ、あごや唇を立体的に見せます。

\テクニック/
上級者向け 目元に光を集め立体感で引き締まった顔に

眉山の下や目尻を囲むように、こめかみ〜目尻の下に**Cカーブ状**（**Cゾーン**）に入れます。

口元を立体的に見せるテクニック
明るい色のコンシーラーを下唇の口角の輪郭外側に沿って入れ、くぼみを消します。

上唇中央の山のふちにも入れて明るさをプラス。

〈 シェーディングを入れる位置の基本 〉

彫りを深く、すっきりと見せたい部分に入れます。

眉頭の下から鼻の横に入れ、鼻筋をすっきり見せます。

フェイスラインに入れ、顔幅を狭く、かつ奥行きがあるように見せます。不自然にならないように最後にフェイスパウダーなどでぼかしましょう。

\テクニック/
上級者向け より立体感をプラス

基本の入れ方に加え、額の生えぎわ、頬の下に入れると、顔が引き締まって小顔に見えます

小鼻の横、唇下のくぼみに入れるとより立体感のある顔に仕上がります。

〈 理想的な顔型に近づけるテクニック 〉

様々な顔型のタイプが**理想的な顔型**（**卵型**）に近づけるためのハイライト、シェーディングの入れ方を紹介します。

面長

ハイライト
額の中心と、目の下に入れるハイライトは、**横長**に入れるのがポイント。

シェーディング
顔の長さをカットするように、**額の髪の生えぎわ部分とあご先**に入れる。

逆三角形

ハイライト
あご先に向かってほっそりとしている部分に、**ハイライトや明るめの色のファンデーション**を使います。

シェーディング
広く見える額の側面には**シェーディング**を入れて、**幅を狭く**見せましょう。

丸型

ハイライト
縦のラインを強調するため、縦長に**額の中心～鼻筋、目の下の三角ゾーン、あごにハイライト**を。

シェーディング
額の外側のふっくらと見える部分に広くシェーディングで影をつけ、顔の横幅を狭く見せましょう。

ベース型

ハイライト
ハイライトは**額の中心から眉間、鼻筋**に。

シェーディング
理想の卵型からはみ出してしまう**エラ部分にシェーディング**を。

※理想的な顔型を　　で、各タイプを◯で示しています

肌悩みに応じたベースメイクテクニック

検定 POINT

毛穴の開きやニキビ、シミなどをメイクテクニックでカバーする方法を知っておきましょう。

悩み1 毛穴が気になる

毛穴の凹みを**埋めたりぼかしたり**することでなめらかな肌に見せる化粧下地を使いましょう。隠そうとしてファンデーションを厚く重ねるとくずれやすくなり、かえって毛穴が目立つことに。ファンデーションは**薄く塗り、こまめにお直し**をしましょう。

1 化粧下地をとる
米粒大くらいの量の化粧下地を指先に取ります。
※各商品の推奨量を守りましょう

2 毛穴を埋めるようになじませる
毛穴が気になる部分にくるくると埋めるようになじませます。

悩み2 ニキビを隠したい

皮膚に凸凹があるニキビの場合、やわらかめのコンシーラーでカバーします。ニキビは毛穴の中に**皮脂が詰まって炎症を起こした状態**なので、指ではなく、清潔なコンシーラーブラシを使いましょう。コンシーラーは、**ニキビ予防や肌荒れ防止に効果的な成分が配合**されたものを選ぶのがおすすめです。

1 コンシーラーを置く
ニキビより**ふた回り**ほど大きめに置きます。

2 なじませる
ブラシを使って肌との境目をなじませます。

3 パウダーで押さえる
表面を軽くパウダーで押さえます。

※炎症を起こしている赤ニキビ、黄ニキビへのメイクは控えましょう

悩み3 赤みをカバーしたい

頬や小鼻の赤みをカバーするには**赤の補色であるグリーンのコントロールカラー**が効果的。下地のように顔全体に伸ばすのは失敗のもとで、**赤みが気になる部分だけに使う**のがポイント。両頬で**パール粒の半分**以下が目安です。

※各商品の推奨量を守りましょう

パール粒の半分

1 点置きする
下地を塗った後、ファンデーションを塗る前に、赤みが気になる部分に**グリーン**のコントロールカラーを点置きします。

2 なじませる
指で均一にならしたら、色ムラを調整するため、きれいなスポンジで周囲となじませます。

悩み4 シミを隠したい

頬などあまり動かない部分にあるシミには、**カバー力が高い硬めのコンシーラー**を使いましょう。**点在するシミにはコンパクトタイプ**をブラシでつけます。**広めや大きめのシミにはスティックタイプ**を直接塗ります。シミ周辺の肌の色と近い色のものを選びましょう。

シミ周辺の肌の色に近いコンシーラーをブラシに取り、シミの上にひとまわり大きくのせます。

肌との境目を放射状に外側へ向けて指やスポンジなどで軽くたたいてなじませます。

その後パウダーで押さえます。

悩み5 くまを隠したい

色の濃いくまの場合、周辺の肌の色に合わせたコンシーラーで隠そうとしても、かえって肌がグレーっぽく沈んで見えてしまいます。くまの種類に合わせて、色やアイテムを使い分けましょう。

タイプ	おすすめアイテム
茶くま（色素沈着型）	**しっかりカバー** ・**イエロー系**の肌に近い色のコンシーラー **ナチュラルカバー** ・**イエロー系**の肌に近い色のコントロールカラー
青くま（血行不良型）	・**オレンジ系**のコンシーラー ・**オレンジ系**のコントロールカラー
黒くま（たるみ型）	**黒くまの凹みを埋めるタイプの化粧下地** ・**オレンジ系のやわらかめの**コンシーラー 　たるみが原因の黒くまは、かたいタイプのコンシーラーを使用すると、目元の凹みにたまってよれやすいため不向き。**やわらかめ**がベター **ナチュラルカバー** ・**オレンジ系**のコントロールカラー

1 点置きする

コンシーラーやコントロールカラーを、目の下にポンポンとのせます（点置き）。よく動く部位でくずれやすいので**つけすぎに注意**。

2 なじませる

薬指を左右にスライドさせるように、やさしくくま全体になじませます。仕上げはパウダーを薄く重ねて。

悩み6 シワを目立たせない

シワが気になる場合は、光拡散効果のある化粧下地を使うと、シワが目立ちにくくなります。ファンデーションは、保湿力の高いタイプ（クリーム状やリキッド状など）を選び、フェイスパウダーやハイライトは、パールやラメの強いものを避けるようにしましょう。

1 化粧下地とファンデーションを薄く伸ばす

塗りすぎ

ファンデーションはもちろん、下地やコンシーラーなどのベースメイクを塗りすぎると、時間がたつにつれてシワに入り込んで、かえって目立たせてしまいます。シワが気になる箇所は薄く伸ばしましょう。

2 フェイスパウダーをつけすぎない

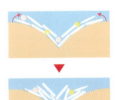

フェイスパウダーをつけすぎると、表情の動きによってシワ部分の皮膚がこすれることで、余分なパウダーやファンデーションがシワの溝に落ちてたまり、溝とそれ以外の部分に差ができて余計にシワが目立ってしまったりします。フェイスパウダーのつけすぎに注意しましょう。

> シワにファンデーションがたまると、シワが余計に目立っちゃうよ！

化粧直しの基本テクニック

1 顔全体をティッシュで押さえる

まず化粧くずれの原因になる余分な皮脂や汗を取り去っておきます。

2 くずれた部分のファンデーションを取り除く

乳液をつけた綿棒で、シワに入り込んだファンデーションやフェイスパウダーをやさしく取り除きます。

3 ファンデーションをなじませる

肌に残っているファンデーションと境目がつかないよう、指やスポンジでなじませます。

※光を拡散するタイプのフェイスパウダーで最後に押さえておくと目立ちにくくなります

例題にチャレンジ！

Q 顔型が丸型の場合、顔をすっきり見せるためにはチークをどのように入れるのがよいとされているか。最も適切なものを選べ。

1. 頬骨の高い位置から口角に向かうように縦長に入れるとよい
2. 頬の中心に赤系の色みを丸く入れるとよい
3. 頬の低い位置に横長に入れるとよい
4. こめかみ〜目尻の下にCカーブ状（Cゾーン）に入れるとよい

【解答】1

【解説】顔が丸型の人は、頬骨の高い位置から口角に向かうように縦長に入れると顔がすっきり見える。

P107で復習！

試験対策は問題集で！
公式サイトで限定販売

ポイントメイクアップテクニック

ポイントメイクアップにより
色や輝きを与え、
美しさを引き出します。
この章では、ご自身の骨格を生かした
パーツのプロポーションを整えることで
より魅力的な印象に仕上げる方法を
学びましょう。

※本書では、自分以外の相手に行うメイクアップ方法ではなく、ご自身で行うメイク
アップの手順を掲載しています

2 ポイントメイクアップテクニック

メイクアイテムによって理想の骨格に近づけます

04 骨格に合わせたメイクアップ

ポイントメイクアップとは、目元や口元、頬などのパーツに**部分的**に行うメイクアップのこと。**色や輝き**を与えたり、**形を整えたり**することで美しさを増し、魅力を引き立たせます。

ポイントメイクアップの基本の手順　≫　アイブロウ　≫　アイカラー（アイシャドー）　≫　アイライナー　≫　マスカラ　≫　リップカラー

※上記の手順は目安です。メイクアップの手順はメーカーや商品の特徴によって異なりますので、各商品の推奨手順にしたがってください

検定POINT　アイブロウ

ポイントメイクアップ

眉は人の印象を大きく変える大切なパーツ。眉の形はメイクアップによって変えることができます。

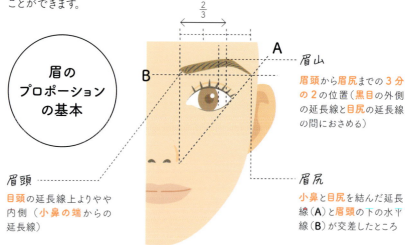

眉のプロポーションの基本

眉山
眉頭から眉尻までの**3分の2**の位置（黒目の外側の延長線と目尻の延長線の間におさめる）

眉頭
目頭の延長線上よりやや内側（小鼻の端からの延長線）

眉尻
小鼻と目尻を結んだ延長線（**A**）と眉頭の下の水平線（**B**）が交差したところ

116

〈 眉の基本の描き方 〉

眉の描き方は流行に左右されますが、ここでは眉のプロポーションの基本に沿った描き方を学びましょう。

1 眉をとかす

眉ブラシで、**毛流れ**を整えます。

2 眉山と眉尻の位置を決める

眉山と**眉尻**の位置の目安を決めます（眉を描くのに慣れていない場合はアイブロウペンシルで薄く印をつけておくのもよいでしょう）。

3 眉山から眉尻を描く

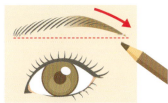

アイブロウペンシルを眉と**平行**になるようにもち、毛流れに沿って**1本1本毛を足すように**描きます。**眉山**部分から**眉尻**に向かって少しずつペンシルを動かします。

4 眉山から眉頭を描く

眉の**中間**（眉山あたり）から眉頭に向かって同様に**1本ずつ毛を足す**ように描きます。**眉頭**が濃くなりすぎるのを防ぐため、いきなり眉頭から描かないようにしましょう。

5 なじませる

薄く → 少し濃く → やや薄く

最後に眉ブラシで毛流れを整えながらなじませます。**眉頭**は**薄く**、**中央**部分は**少し濃く**、**眉尻**に向かって**やや薄く**すると自然で陰影のある眉に仕上がります。

自然に仕上げるためのアイブロウパウダー

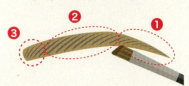

アイブロウパウダーをブラシに取り、眉山から**眉尻**に向かって、次に**眉山**から**眉頭**に向かってパウダーをのせます。**眉頭**は**濃くなりすぎない**ように**最後**にぼかしましょう。

眉用マスカラ（アイブロウマスカラ）の使い方

眉を明るく仕上げたいときは**眉用マスカラ**をプラスします。
地肌につかないようにブラシを一度**ティッシュオフしてから使う**のがポイント。

1 眉の内側に塗る

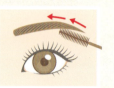

眉尻側から眉頭まで**毛流れに逆らって**とかし、眉毛の内側に塗ります。

2 毛流れ通りに塗る

眉頭側から、眉の**毛流れに沿って**とかすように眉毛の表面に塗って整えます。

〈 眉のセルフカットの基本 〉

眉、どうやって自分で整えたらいい？

1 とかす

眉ブラシを使い、**毛流れ**を整えます。

2 ガイドラインを描く

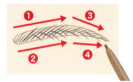

「眉のプロポーションの基本」を参考に、アイブロウペンシルで**眉のガイドライン**（輪郭）を描きます。

3 カットする

切りすぎを防ぐため、ガイドラインに眉コームを添えて、**はみ出た毛**を**眉バサミ**でカットします。

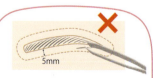

眉毛を抜いたら生えてこなくなる可能性もあるので、ガイドラインから**5mm以内**に生えている毛は抜かないでね！

〈 眉の特徴別描き方のポイント 〉

基本の描き方に加えて、眉の特徴に合わせた描き方を学びましょう。

眉が濃い
→ペンシル・眉用マスカラ

濃い眉には、ちょっとした隙間や眉尻などを描き足すための**ペンシル**がおすすめ。自眉の黒さを抑えるには、**眉用マスカラで眉色を明るく**すると、軽やかに仕上がります。

眉が薄い
→パウダー・ペンシル

毛が細く毛量が少ない眉には、**パウダーとペンシルのダブル使い**がおすすめ。毛が足りない部分をペンシルで1本ずつ描き足し、その後、広い範囲をふんわりとボリュームアップして見せることができる**パウダー**を全体にのせます。

眉が左右非対称

1 「眉のプロポーションの基本」を参考に、理想的な形に近い方の眉を先に仕上げます。

2 もう一方は先に描いた眉に揃えるように描きます。はみ出るところはコンシーラーで消してから足りないところを描き足します。

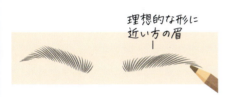

理想的な形に近い方の眉

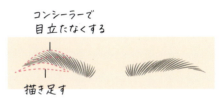

コンシーラーで目立たなくする

描き足す

検定POINT アイカラー（アイシャドー）

アイカラーは目元に彩りを添えて陰影をつけ、奥行きのある印象的な目元に仕上げるためのアイテムです。

アイゾーンの名称

アイメイクアップのテクニックを理解するためにも、アイゾーン（目まわり）の名称を知っておきましょう。

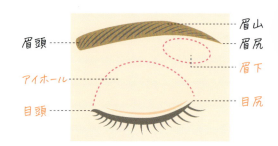

〈 基本的な色の役割と塗り方 〉

ベースの色

まぶたのトーンを整える色。**明るめで淡い色**を使い、まぶた全体に**ブラシ**などを使って入れます。

バランスをとる色

アイメイクの中心となる色や、目のきわに入れる引き締め色とベースの**色をつなげる中間色**。アイホールの内側半分程度にチップなどでのせ、境目をぼかします。

引き締め色

目の輪郭をきわ立たせる色。グレーやブラウンなどの濃い色が使われます。まつ毛のきわに**チップや細いブラシ**を使ってライン状に入れます。

立体的な目元になるよ

上級者テクニック① グラデーション

縦のグラデーション

アイホールの上部からまつ毛のきわに向けて徐々に濃くなるように塗ります。

横のグラデーション

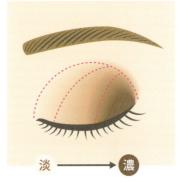

目頭から目尻に向けて徐々に濃くなるように塗ります。

上級者テクニック② ハイライトカラー

ラメや**パール**が配合されていることも多いハイライトカラー。高く見せたい部分や骨格を強調したい部分に塗ります。

目の立体感を出す

高く見せたいまぶたの**中心**や**眉下**に細く楕円形に入れて立体感をつくります。

涙袋を演出する

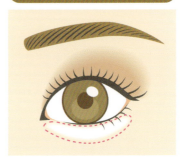

下まぶたに入れて**涙袋**を演出することも。

〈 仕上がりに合わせたツールの選び方 〉

定番としてよく使用されるのは**チップ**です。アイカラーをしっかり密着させたり、ぼかしたりできます。ほかにもツールを使い分けると仕上がりのイメージが変わります。

しっかり発色させたいとき
→細いチップ・かためのブラシ

目のきわに引き締め色をしっかり密着させることができます。涙袋など**部分的**に色をのせるときにも使いやすいです。

ふんわりつけたいとき
→やわらかめのブラシ

アイホール全体の**広い範囲**に色をつけたいときや、**ふんわりした発色**に仕上げたいときに使います。ラメやパールを多く配合したハイライトカラーをのせるのにも適しています。

指もアイメイクのツールに！

クリームやリキッドベースのアイカラーをつけるときには指が便利。密着させたり、色をぼかしたりするのにも適しています。

きれいに仕上げるには、ツールの選び方もポイントになるよ！

検定POINT アイライナー

アイライナーは、**目の輪郭を強調し**、目を大きく見せたいときに使うアイテムです。目の形をはっきりと印象づけます。

〈 アイラインの基本の描き方 〉

アイライナーにはさまざまなタイプがありますが、ここではペンシルとリキッドを使った基本の描き方を学びます。

ナチュラルライン→ペンシルアイライナー

ナチュラルにラインを描くには**ペンシル**を。自然にぼかすことが可能で、メイク感をあまり出したくないときにも適しています。

1 まつ毛のきわを描く

まつ毛の**生えぎわ**をペンシルで埋めるように、**小刻みに動かしながら目尻**から**目頭**に向かって描きます。

2 ぼかす

全体を描いたら、**細いチップ**もしくは綿棒で**ラインをぼかします**。はみ出した部分も丁寧に修正しましょう。

くっきりライン→リキッドアイライナー

目力をアップする**くっきりとしたライン**を描くには、つややかでラインを強調する**リキッド**や**ジェル**がおすすめです。

1 まつ毛のきわの目尻側を描く

まぶたの**中央〜目尻**にかけて、まつ毛とまつ毛の間を埋めるようにラインを入れます。目尻は5mmほど長めに**自然に細くなるように**描きます。

2 目頭側を描く

1で描いたラインとつながるように、まぶたの**中央〜目頭**のまつ毛とまつ毛の間を埋めるように描きます。

3 目尻から三角に折り返し

長めに引いたラインの終点から目尻の最先端へくの字に筆先を折り返すように細い線でつなげ、**三角部を塗りつぶ**します。

※リキッドアイライナーはさまざまな描き方があります。描き慣れていない場合は、目頭から目尻へと少しずつ描いていくのがおすすめです。また、目尻より外側に跳ね上げたラインを描く場合などは、目尻側から描くときれいに仕上がります。

マスカラ

マスカラは、**まつ毛**に**ボリュームを出し**、**長く見せ**、**カール**を**持続**させるためのアイテムです。

〈 アイラッシュカーラーの基本の使い方 〉

1 根元を立ち上げる

まつ毛の**根元**に、アイラッシュカーラーをあて、しっかりはさみ、**根元**を立ち上げます。

※力を加えすぎるとまつ毛が直角に曲がるので注意しましょう

2 毛先までカール

アイラッシュカーラーを**3段階に分けて徐々に毛先方向に移動**させます。カールが足りない場合は、もう一度同じ手順でカールアップさせます。

※肘を上げながら毛先まで動かすのがポイント

〈 マスカラの基本のつけ方 〉

1 余分な液をしごく

マスカラの余分な液を、ボトルの口でしごきます。

 一度にたくさんブラシにマスカラをつけるとダマの原因になるよ！

2 まつ毛の上側につける

まぶたを閉じぎみにして、まつ毛の上側に根元から毛先に向かって、**なで下ろすよう**につけます。

3 まつ毛の下側につける

根元にブラシをあて、左右に小刻みにジグザグと動かしてしっかりと塗り、**まつ毛をもち上げる**ように毛先に向かってつけます。まつ毛全体を一気に仕上げようとせず、目の中央、目頭寄り、目尻寄りと分けて、丁寧に塗ります。

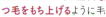

※ボリュームを出したいときは重ねづけしましょう

4 下まつ毛につける

マスカラのブラシを縦にもち、1本1本をとかすようにつけます。

 このつけ方だと、まつ毛とマスカラが絡んできれいにつくよ！

理想のまつ毛

上まつ毛も下まつ毛も放射状に360度広がっているのが理想的。そのためにはアイラッシュカーラーでまつ毛のカールをつくり、マスカラを使ってまつ毛を広げながら強調させることが大切です。

〈 マスカラの選び方 〉

まつ毛の長さや太さ、持続力など仕上がりにさまざまなタイプがあります。なりたい仕上がりに合わせて選びましょう。

長くしたい
→**ロングラッシュタイプ**

太くしたい
→**ボリュームタイプ**

カールを維持したい
→**カールタイプ**

自然な感じにしたい
→**ナチュラルタイプ**

〈 目元のにじみを防ぐテクニック 〉

目元のにじみ（パンダ目）は、マスカラやアイラインが下まぶたとこすれて落ちることで起こります。きれいな仕上がりを保つためのテクニックを学びましょう。

油分を抑える

にじみの原因は目元の油分。にじみを防ぐには、アイカラーや**フェイスパウダーをきわまでのせて**目の下をガード。つけすぎたマスカラやアイラインはオフしておきましょう。

くずれやすい所には塗らない

特ににじみやすい人は、涙でくずれやすい目尻と目頭には塗らず、マスカラを**黒目の上部分**だけに塗るとよいでしょう。

アイライナーやマスカラを**ウォータープルーフタイプ**に変えるのもおすすめだよ！

目の大きさや形別のアイメイク

〈「錯視」を利用したアイメイク 〉

目で見たときに実際とは違って感じ取られる心理的な現象を「**錯視**」といいます。この効果をアイメイクに活用して目を大きく見せたり印象を変えたりすることができます。

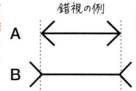

錯視の例

AとBは実際は同じ長さだけどBの方が長く見えるよね！

A を活用
短く（縦長に）見せる
→**閉じた**ラインで**囲み目**メイク

 ▶

B を活用
長く（横長に）見せる
→**開いた**ラインで**目尻強調**メイク

 ▶

〈 目の形に合わせたアイメイクテクニック 〉

目の形や特徴に合わせたアイカラーやアイラインの入れ方を学びましょう。

はなれ目

- **アイカラー、アイライン**
目を開けた状態で、アイラインを**目頭の切れ目**から**鼻側**に向かって少し延長するイメージでプラスします。目尻側は、目のカーブに沿って目尻からはみ出さないように描きます。

※ナチュラルに仕上げたいときはアイカラーの引き締め色を使う場合も

より目

- **アイカラー**
目頭側はハイライト効果のある色をのせて抜け感を出し、目尻側は目のカーブに沿って目尻より少し長めに引き締め色を入れて**目線を外側**へ向かせます。

- **アイライン**
目尻側を**長め**に描きます。

04 骨格に合わせたメイクアップ

ポイントメイクアップ

- **アイカラー**

目を開けたときに上まぶたの二重が見える部分にのみ引き締め色を、下まぶたには黒目下部分にライン状に入れます。

- **アイライン**

なるべく細めに描きます。

- **アイカラー**

目を開けたときに少し色が見える程度に、引き締め色を目のきわに入れます。

- **アイライン**

茶色で目尻側だけに描きます。

 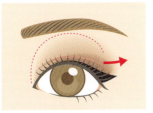  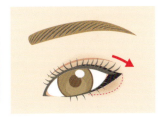

- **アイカラー**

上まぶたの目尻側に引き締め色を入れ、なじませます。

- **アイライン**

目元を引き上げるように、実際の上まぶたの目尻より少し上方向に描き、目のきわとの間を塗りつぶします。

- **アイカラー**

下まぶたの目尻に引き締め色を入れて影をつくります。

- **アイライン**

上まぶたは目のカーブに沿って下向きに長めに描き、下まぶたの目尻側にも描き、上とつなげて内側を塗りつぶします。

- **アイカラー**

アイホールのくぼんだ部分に明るいベージュ系をぼかし入れてくぼみをカバー。引き締め色はアイラインに重ねる程度にとどめましょう。

- **アイカラー**

目の中央（黒目の上下付近）の縦幅を出すように、引き締め色を入れます。

- **アイライン、マスカラ**

目の中央部分を強調するように入れると、より縦幅が広く見えます。

127

検定POINT リップカラー

　口紅やリップグロスなどのリップカラーは、**唇のうるおいをキープ**し、好みの**色**や**ツヤ**を与えてなりたい**イメージを演出**するアイテムです。また、年齢とともにくすみがちになる**唇の色もカバー**。華やかな印象をもたらします。

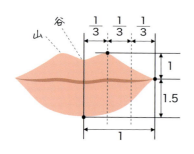

〈 唇のプロポーションの基本 〉

上唇と下唇の縦幅は **1：1.5** が理想のバランスとされています。**唇の中心〜口角**までを3等分した、中心寄りの **1/3 の位置が山**。谷は**鼻先から垂直**におろした延長線にあるのが理想的です。

〈 リップカラーの基本の塗り方 〉

直接塗る

1 アウトラインを描く

スティックの角を使って、**上唇の山と下唇の中央**のラインを描きます。次に、**口角**から**中央**へとつなぐラインを描きます。

2 塗りつぶす

内側を塗りつぶします。軽く口を開き、口紅の**断面が唇に垂直**になるように当て、そのまま左右に動かして塗ります。**縦ジワ**の内側にも塗り込みましょう。

輪郭を取ってから塗る

1 アウトラインを描く

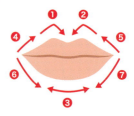

リップブラシやリップライナーで口角から上唇の山、下唇の底に向かって輪郭を描きます。

※先に上唇の山と下唇の底を描いておくとよりきれいに描けます

2 塗りつぶす

内側を塗って完成。

〈 理想的な唇に近づけるためのテクニック 〉

唇に厚みをもたせたい

1 リップペンシルで、上唇の山の輪郭を理想の位置（1〜2mmが目安）までオーバーに描き、口角から山までつなげます。

2 下唇も同様に中央部分を少しオーバーに描き、口角から中央までつなげます。

厚い唇をカバーしたい

1 コンシーラーを使って補正したい部分の唇の輪郭を消します。

2 理想の輪郭をリップペンシルで取ります。

3 内側をリップカラーで塗ります。

唇を立体的に見せたい

より立体的に仕上げるには、唇の中央部分にワントーン明るめのリップカラーを重ね塗りします。パールを配合したグロスを重ねてもOK。

リップブラシは洗える？

リップブラシの毛は洗えないタイプが多いから、コットンにエタノールを少量含ませてやさしくふき取るのがおすすめだよ！

美にまつわる
格言・名言

魅力的な唇のためには、
優しい言葉を紡ぐこと。
愛らしい瞳のためには、
人々の素晴らしさを見つけること。

【オードリー・ヘプバーン】

内面的な美しさは、やがて外見にもあらわれるということを教えてくれます。

誰もがスターで、
誰もが輝く権利をもっているの

【マリリン・モンロー】

自分に自信をもって前向きに生きる、そんな強さも感じます。

3 パーソナルカラー

色を味方につけて自分の魅力を引き出します

検定POINT

自分に似合う色の見つけ方

人それぞれに個性があるように、似合う色も人それぞれ。魅力を増すメイクのためにも知っておくとよいのが「**パーソナルカラー**」です。パーソナルカラーを学ぶことで、個性をより魅力的に引き出し、肌を美しく生き生きと見せてくれる「自分に似合う色」を選べるようになります。

〈 イエローベースとブルーベース 〉

まず、「**イエローベース（略称：イエベ）**」か「**ブルーベース（略称：ブルベ）**」のどちらのタイプなのか、**肌や瞳、髪の色**を基準におおよそ見分けることができます。下表で簡単にチェックしてみましょう。

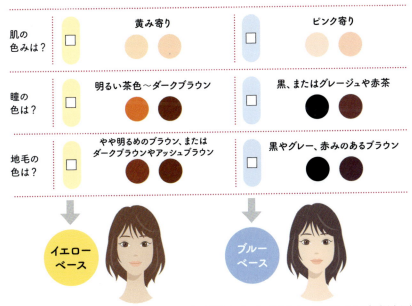

※チェックが多くついたものが自分のタイプとなります。どちらとも判断がつきにくい場合は、ミックスしているタイプと考えられます

〈 4シーズンの見分け方 〉

イエローベース、ブルーベースがわかったら、さらに色の明るさなどによって4つのグループに分類することができます。それぞれのグループのイメージに合わせて春夏秋冬の名前がついています。自分がどのタイプなのかチェックしてみましょう。

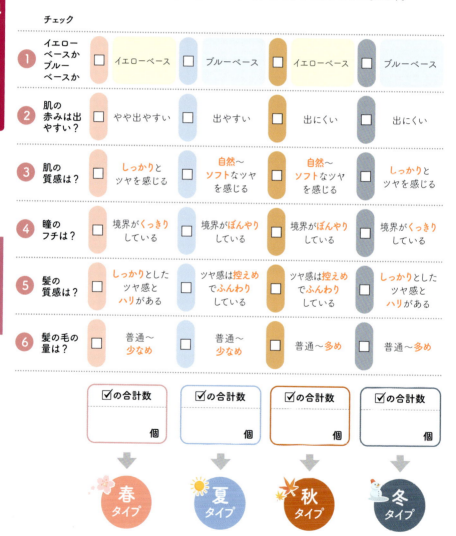

※チェックが多くついたものが、自分のタイプとなります。あまり差がない場合は、ミックスしているタイプと考えられます

〈 パーソナルカラーをメイクに活かす 〉

チークカラーやリップカラーにもよく使うピンク系や赤系の色。例えばピンクといっていろいろなピンクがあり、**4シーズンそれぞれに似合うピンク**があります。

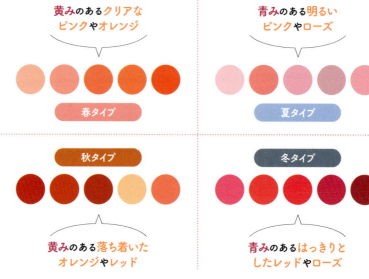

パーソナルカラー × コスメ
〜メイクカラーコンシェルジュ®〜

パーソナルカラーに合わせたコスメ選び、「どう選んでよいのか迷ってしまう」「お客さまに似合う色を選んだつもりが相手はしっくりきていない感じ」、こんなことはありませんか？
日本化粧品検定協会認定の「**メイクカラーコンシェルジュ®**」は、**色彩理論やパーソナルカラー理論の基礎が学べて、コスメのカラー診断・分類ができるようになる資格**です。習得した知識は自身のコスメ選びやメイクはもちろん、お仕事でのコスメの提案やファッション、インテリアの色選びにも活用いただけます。

《 別のタイプのカラーはポイントで取り入れる 》

自分のパーソナルカラーではない違うタイプのカラーを取り入れたい場合は、**ポイントで取り入れる**のがおすすめです。ちょっとしたコツを押さえることで、流行色やトレンドのアイテムを取り入れることができ、メイクやコーディネートにメリハリが出ることも。色使いの幅を広げてみましょう。

別のタイプを取り入れるコツ

アイメイクやリップなどの
ポイントメイクで**狭い範囲**に使う

トップスではなく、
顔から離れたボトムスに取り入れる

アクセサリーや**小物**で取り入れる

例えば
スカートに！

パーソナルカラーは一生同じ？

肌の色の見え方は、大幅な肌トーンの変化、加齢による肌質の変化などによって変わることがあるため、パーソナルカラーは変わる可能性があります。

しかし、例えばイエローベースの薄い色が似合う人が真逆のブルーベースの暗い色が似合うようになる、といった大幅な変化はほぼなく、近いトーンや色みの微妙な変化である場合がほとんどです。

美にまつわる
格言・名言

世界で一番きれいな色っていうのは、
きれいにみせてくれる色よ。
「あなた」をね！

【ココ・シャネル】

自分らしい自分の色を身にまとう。自分の個性を知ってそれを活かすことこそが大事だと気づかせてくれる名言です。

醜い女性などいない。
そういう女性は、ただ自分を魅力的に
見せる方法を知らないだけだ。

【クリスチャン・ディオール】

熱意をもって、一生涯、探し続けていきたいものです。

PART 05

肌を劣化させる要因

肌に悪影響を与える要因は、

肌が日々さらされている環境によるものもあれば

身体の状態によるものもあります。

このパートでは、肌のダメージがどのようにして起こるのかを

身体の外側と内側からの要因に分けて

学びましょう。

肌に影響するものは
いろいろあるよ！

《 肌を劣化させる要因 》

肌に悪影響を与える要因には、肌がさらされている**外側からの刺激**「**外的要因**」と、**身体の内側からくる**「**内的要因**」があります。実際の生活においては、外的要因と内的要因が複雑にかかわり合うことで肌がダメージを受け、劣化が進んでしまいます。

05 肌を劣化させる要因

外的要因

① 空気の乾燥

② 空気の汚れ

③ 紫外線

内的要因

④ 加齢（自然老化）

⑦ ホルモンバランスの乱れ

⑤ 食生活の乱れ

⑥ 代謝不良

⑧ ストレス

外的要因 ＋ 内的要因

⑨ 酸化

⑩ 糖化

気をつけるポイントだよ！

138

1 外的要因

生活環境などから影響を及ぼすもの

| 外的要因 |

❶ 空気の乾燥

検定 POINT

　空気の乾燥は角層から水分を奪い、肌を乾燥させます。それにより、肌がカサついたりつっぱったりするだけでなく、**くすみ**、**粉ふき**、**小ジワ**などを引き起こします。また、乾燥が続くと皮膚の**バリア機能が低下**し、外からの刺激を受けやすくなります（**乾燥性敏感肌**）。

空気の乾燥がもたらす肌トラブル

くすみ

粉ふき（けばだち）

小ジワ

乾燥性敏感肌

粉ふきはなぜ起こる？

乾燥により角層の水分量が**低下**すると角質がはがれやすくなります。また加齢などにより肌のターンオーバーが**遅れる**と、余分な角質が肌表面に蓄積しやすくなります。その状態で肌に衣類がこすれたり、肌をかいたりすると角質がめくれあがり、粉をふいているように見えます。

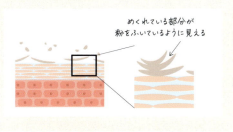

外的要因

❷ 空気の汚れ

空気中には、肌へ悪影響を及ぼすさまざまな物質が混ざっています。これらの物質は**肌に炎症を引き起こしたり**、**アレルギー反応のもと**になったりすることがあります。

05 肌を劣化させる要因

大きい粒子の汚れ

ほこりや花粉、黄砂は、**肌表面に付着**すると肌に炎症を引き起こし、バリア機能を低下させ、**乾燥や肌荒れ**など肌トラブルの原因になります。

小さい粒子の汚れ

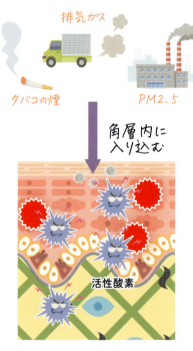

排気ガスやPM2.5(粒子の大きさが2.5μm[※1]以下の大気汚染物質)、タバコの煙は角層内に入り込み、肌内部で**活性酸素**[※2]を発生させます。活性酸素は、肌のさまざまなものを**酸化**することで、乾燥、肌荒れ、ニキビ、シワ・たるみなどの原因になります。

※1 1μm(マイクロメートル)は1mmの1000分の1
※2 活性酸素について詳しくは本書P166-169参照

140

外的要因

❸ 紫外線

検定 POINT

　肌の**老化の原因の約80％**は**紫外線**による悪影響（**光老化**）であるとの報告があります。紫外線を浴びると肌の表面や内部で**活性酸素**が発生し、細胞にダメージを与えるとともに、**コラーゲン線維やエラスチン線維**などを分解する酵素の産生を促進します。さらに**直接DNAを傷つけます**。その結果、肌が乾燥したり、**シワやたるみ**が生じやすくなり、**皮膚がんの発症リスク**も高まります。

＊香粧会誌, 41(3), 244-245, 2017参照
※光老化について詳しくは本書P154参照

〈 太陽光線の分類 〉

　太陽は波長が異なる**ガンマ線・X線・紫外線・可視光線・赤外線**を放出しています。そのうち**地表に届くのは波長が290nmより長波長の光**です。波長が短くなるほど**エネルギーが高く**、皮膚へのダメージは**大きく**なります。

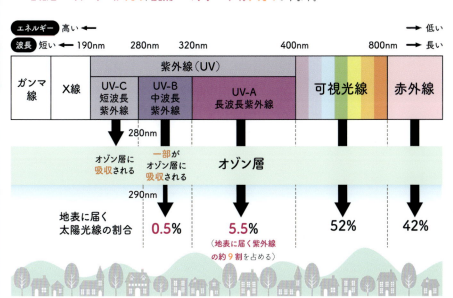

有害なUV-CとUV-Bの一部は、**オゾン層にさえぎられて地表には届かない**よ。ただし、オゾン層が**減る**と、地表に届くUV-Bが増えて、UV-Cも届くリスクも高まるんだ。

《 紫外線の種類と肌への影響 》

検定POINT

紫外線はUV-A・UV-B・UV-Cの3つに分かれています。このうち地表に届くのはUV-AとUV-Bの一部で、波長が長いほど肌の奥まで到達します。UV-Aは生活紫外線、UV-Bはレジャー紫外線ともよばれます。

05 肌を劣化させる要因

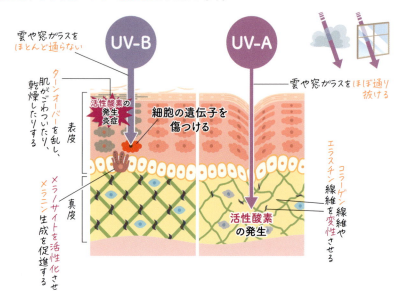

	UV-B（紫外線B波）	UV-A（紫外線A波）
波長	中波長紫外線（280〜320nm）波長が短く、表皮まで到達する	長波長紫外線（320〜400nm）波長が長く、真皮深部まで到達
ダメージの大きさ	エネルギーが高く、皮膚へのダメージが大きい	エネルギーが低く、UV-Bと比較すると皮膚表面へのダメージは小さい
日焼けの種類	サンバーン、サンタン	サンタン
主な肌悩み	乾燥、肌荒れ（炎症）、シミ	シミ、シワ、たるみ
雲・窓ガラスの透過	ほとんど通らない	ほぼ通り抜ける（室内にいても注意が必要）

検定POINT 《 サンバーンとサンタン（日焼け）》

日焼けには「サンバーン」と「サンタン」があります。

サンバーン

紫外線を浴びてから数時間後からあらわれる、赤くなる日焼けのことです。サンバーンは、主にUV-Bによるもので、紫外線を大量に浴びた皮膚が炎症を起こして赤くなり、ひどい場合は水疱（やけどと同じ状態）ができます。紫外線を浴びてから8〜24時間でピークに達し、炎症は数日間続きます。これは傷ついた細胞を修復するための反応でもあります。

サンタン

紫外線を浴びた後に、肌が黒くなる日焼けのことです。サンタンには、紫外線を浴びた直後から起き、肌の色が灰褐色になるUV-Aによる「①即時型黒化」と、即時型黒化が消えた後に茶褐色になる「②持続型即時黒化」、そしてUV-B（あるいはUV-Aの大量照射）によって起こり、黒っぽい肌が数カ月持続する「③遅延型黒化」があります。遅延型黒化は自然に消失しますが、加齢とともに消失までの時間が長くなります。

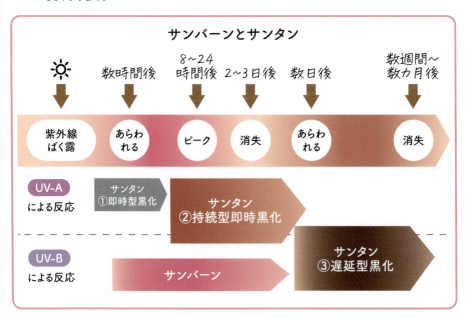

〈 紫外線に対するスキンタイプ 〉

　紫外線に対する反応は肌の色によって違います。紫外線を浴びたときの赤くなりやすさや黒くなりやすさなどの反応の違いは、国際的にⅠ～Ⅵの6つのスキンタイプに分けられます。日本人の多くは主に3つのタイプ（J-Ⅰ～J-Ⅲ）にあてはまります。スキンタイプの数値が小さいほど、深いシワや皮膚がんの発生などの紫外線の悪影響を受けやすくなるため、肌の色が白く、日光にあたるとすぐ赤くなる人は、特に紫外線対策をしっかり行いましょう。

05 肌を劣化させる要因

	日焼けしていないときの肌色 ▶ 日焼け直後 ▶ 数日後			紫外線ダメージリスク	日本人の比率
タイプ Ⅱ （J-Ⅰ）	 明るい肌色	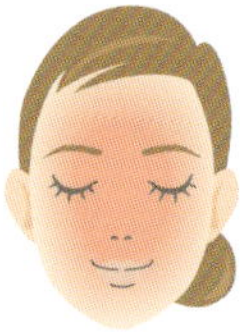 すぐ赤くなる	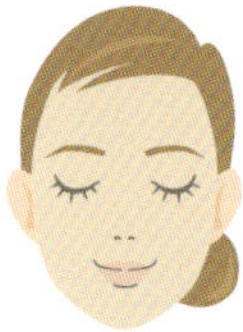 わずかに黒くなる	高い	約18%
タイプ Ⅲ （J-Ⅱ）	 中程度の肌色	 赤くなる	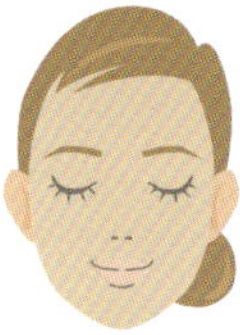 黒くなる	↕	約30%
タイプ Ⅳ （J-Ⅲ）	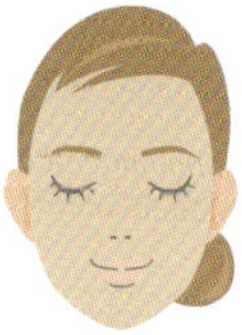 褐色	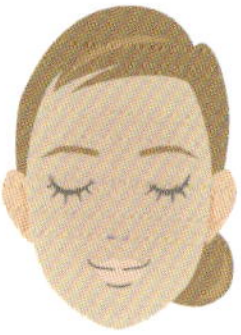 あまり赤くならない	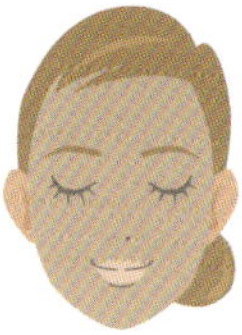 すぐ黒くなる	低い	約16%

＊香粧会誌, 15(2), 103-105, 1991参照

〈 季節や天候、時間帯で異なる紫外線の影響 〉

紫外線の量や強さは、**季節や天候、時間帯**などによって変化します。

季節

UV-Bは**春から夏にかけて 特に強く、冬になるとその量が減り**ます。一方、**UV-Aは1年の変動が少なく**、冬の最も少ない時期でも、**夏の最も多い時期の半分**量もあるため、**年間を通して気をつけなければなりません。**

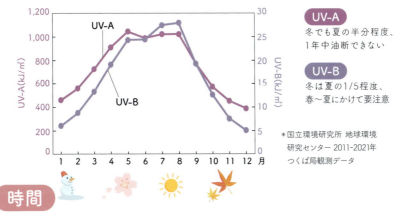

紫外線量の月別変化（2011〜2021年の平均値）

UV-A 冬でも夏の半分程度、1年中油断できない

UV-B 冬は夏の1/5程度、春〜夏にかけて要注意

＊国立環境研究所 地球環境研究センター 2011-2021年 つくば局観測データ

時間

紫外線の強さは1日の中でも大きく変わります。**正午は影響が最も強く、前後2時間は特に紫外線対策が必要**であることがわかります。ただし、UV-AはUV-Bと比べて日差しの弱まる朝夕でも日中とそれほど大きな変化はありません。

時間帯別の紫外線の影響度

非常に強い	日中の外出はできるだけひかえましょう。必ず長袖シャツ、日焼け止め、帽子を利用しましょう
中程度〜強い	日中はできるだけ日陰を利用しましょう。できるだけ長袖シャツ、日焼け止め、帽子を利用しましょう
弱い	安心して戸外で過ごせます

＊気象庁Webサイト 1994-2008年つくば7月の月最大UVインデックス（観測値）時別累年平均値より作成

145

05 肌を劣化させる要因

🌤 天気

晴れの日の紫外線の強さは快晴時とほとんど同じですが、**雨の日は快晴時の約3割**まで減少します。一方、**薄曇りの日は快晴時の約8〜9割**、**曇りの日でも快晴時の約6割**の強さがあるため、日差しがない日でも紫外線対策は必要です。

＊気象庁Webサイト「雲と紫外線」参照
※紫外線の強さとは、UVインデックスを指標にしたもの

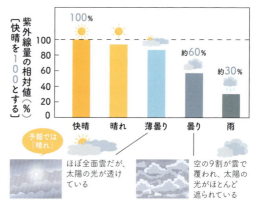

天気による紫外線の強さの違い

検定POINT 《 多方向から当たる紫外線 》

紫外線には、**太陽から直接届くもの（直射光）**、**空気中のほこりなどで散乱されて届くもの（散乱光）**、**地表面で反射されて届くもの（反射光）**の3パターンがあります。

肌への紫外線の影響は、ほとんど直射光によるものと考えがちですが、**快晴の日の紫外線は、約50〜60％が散乱光、残りの約40〜50％が直射光**であるとされています。反射光は雪以外の通常の環境ではほとんど影響しません。

散乱光 約50〜60％
直射光 約40〜50％
反射光（微量、雪では強くなる）

紫外線はあらゆる方向から肌に当たる

※数字は快晴日の紫外線に占める直射光と散乱光の割合

＊佐々木政子、絵とデータで読む太陽紫外線－太陽と賢く仲良くつきあう法－参照

検定POINT 〈 地表面の状態と反射光の量の違い 〉

紫外線の反射光の量は、**地表面の状態**によって大きく異なります。

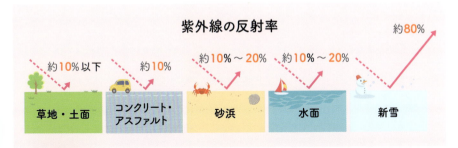

検定POINT 〈 場所による紫外線量の違い 〉

紫外線の反射光の量は、**高度や場所**によっても大きく異なります。

高さ(標高)

標高が**1,000m上昇**するごとに紫外線量は約**10〜12%増加**

屋内と屋外

年間で見ると、**屋内**で働く人は**屋外**で働く人の約**10〜20%**の紫外線を浴びている

日陰と日向

日陰の直射光は日向の約50%

マスクをしているときは日焼け止めを塗らなくてもいいの？

肌にマスクをつけていない時の紫外線透過率を100%とすると、一般的な白い不織布マスクの場合、**約14〜20%の紫外線が透過している**という報告があります。紫外線の当たり方に差ができ、ムラ焼けの原因にもなりますので、マスクで隠れる部分にも日焼け止めを塗りましょう。

〈 日焼け止めの基本の塗り方 〉

UVケア化粧品に表示されているSPF・PAは**定められた量（規定量）を塗ったときの値**です。使用量が少ないと、記載された紫外線防止効果は得られません。しかし、多くの人は**日焼け止めを規定量の半分以下しか塗っていません**。以下の目安量をきちんと塗り、さらに**2〜3時間**おきを目安に塗り直しましょう。

05 肌を劣化させる要因

顔

使用量の目安

液状　1円玉1個分×2

クリーム状　パール粒1個分×2

＊環境省 紫外線環境保健マニュアル2020参照

1　5点置きする

手のひらに**適量の半分**を取り、**両頬、額、鼻、あご**に置きます。

2　全体に伸ばす

矢印の方向に従って全体にムラなく伸ばします。さらに**残りの量（適量の半分）**を手のひらに取り、同様に**重ね塗り**します。（**2度塗り**が基本）

日焼け止めは1回目を塗り、十分になじんだあとに2回目を塗ってね。肌にしっかりなじませることで白浮きを防げるよ

3　焼けやすい部分にさらに重ねる

日焼けしやすい**鼻筋、頬からこめかみはさらに重ね塗り**するなど多めに塗りましょう。

焼けやすい部分

頬やこめかみは、太陽光が垂直に近い角度で当たり、単位面積当たりの紫外線量が多くなるため悪影響を受けやすい部位です。また、張り出している**鎖骨〜デコルテも焼けやすい**ので注意しましょう。

148

| ボディ | **使用量の目安** 腕や脚の表と裏に直線状に1本ずつ×2 |

＊環境省 紫外線環境保健マニュアル2020参照

1 直接置く

塗りたい部位に**容器から直接肌の上に直線状**に置きます。

2 なじませる

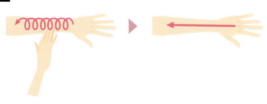

人差し指から小指の4本を肌に沿わせるように、くるくると**大きくらせんを描きながら**均一に伸ばします。

先端側からつけ根側に向かってなじませるとムラなく塗ることができます。

3 裏側を塗る

表側に伸ばし終わったら、裏側も同じことを繰り返します。

4 2度塗りする

身体全体に1度目を塗り終えて、日焼け止めがなじんだらさらに**同量を同じように重ね塗り**します。（1～3を繰り返す）

〈 サンケア指数（SPF・PA）・UV耐水性 〉

サンケア指数（SPF・PA）
肌への影響がある（UV-A、UV-B）を防ぐ効果をわかりやすく示した指標です。

UV 耐水性
水に濡れる場面でのUVケア化粧品の落ちにくさの目安です。

SPFやPAは、日焼け止めの効果の高さを表す指標だけど、紫外線の影響を完全に防いでいるわけではないんだよ。日焼け止めは水、汗などで落ちてしまうこともあるから、ムラなく塗るだけでなく、しっかり塗り直して、帽子や日傘、長袖などでもカバーしようね！

サンケア指数（SPF）

SPFとは、Sun Protection Factorの略で、**UV-Bの防止効果**を示す数値です。**赤くなってヒリヒリする日焼け（サンバーン）を起こすまでの時間が何倍になるかの指標**になります。2〜50までの数字で表され、50より高いものは 50+と表示され、数値が大きいほどUV-B防止効果が高いことを示しています。

05 肌を劣化させる要因

SPFの測り方

SPFでは、人の背中に何も塗っていない部位と日焼け止めを塗った部位をつくり、それぞれの部位に日光や紫外線（ランプ）を時間や照射量を変えて当てます。翌日、日焼け止めを塗った部位で肌が赤くなった一番短い時間Ⓑを、何も塗っていない部位で肌が赤くなった一番短い時間Ⓐで割り、SPFを算出します。

計算式（例）

$$SPF = \frac{300分（日焼け止めを塗った部位で肌が赤くなった一番短い時間Ⓑ）}{25分（何も塗っていない部位で肌が赤くなった一番短い時間Ⓐ）} = 12$$

日光または紫外線照射時

背中

○内の数字は日光または紫外線を当てた量＝時間（分）

5/分	17
7	19
15	21

何も塗っていない部位

250	280
260	290
270	300

日焼け止めを塗った部位
塗布量：2mg/cm²

翌日 →

日光または紫外線を15分照射してはじめて赤くなった

赤くなる反応を判定

背中

○内の数字は日光または紫外線を当てた量＝時間（分）

	17
15	

何も塗っていない部位

	300

日焼け止めを塗った部位

日光または紫外線を300分照射してはじめて赤くなった

肌が赤くなるまでの時間は人によって違うの？

日本人の場合、夏の晴れた海浜で何も塗らずに紫外線を浴びると、**明るい肌色の人で約20分、中程度の肌色の人で約25分、褐色の人では約30分で肌が赤くなる（サンバーンを起こす）**といわれているよ。

明るい肌色 約20分

中程度の肌色 約25分

褐色 約30分

サンケア指数（SPF）の理論値と実際

SPF・PAは効果測定試験の国際的な基準で**肌1cm²あたり2mgの製品を塗布するなどの条件で測定した理論値**です。実際にその時間、日焼けを防げるわけではありません。

理論値　SPF50 × 25分 = 1250分

※何も塗らない状態で太陽光に当たって25分で肌が赤くなる人が、SPF50の日焼け止めをムラなく塗布し、汗などで取れない条件で使う場合

SPFの実際（SPF50の日焼け止めの場合）

実際には大多数の人が基準量の**半分**以下しか塗れておらず、その場合は紫外線防止効果が**1/3程度に低下**するといわれています。さらにスキンタイプによっても1/5程度にまで下がり、これらを合わせると紫外線防止効果は**理論値のSPFの1/15以下にまで低下**するという報告もあります。

日傘の色は黒と白、どちらがよいの？

日傘は、色によって特徴があります。**黒は光を「吸収」して紫外線をカット**します。地面から照り返す紫外線も傘の内側で吸収してくれます。一方、**白は光を反射して紫外線をカット**します。しかし、一部の紫外線は傘の下まで届いてしまいます。**内側は散乱光を防ぐ「黒」で外側は暑さ対策で「白」**の日傘を選ぶとよいでしょう。

サンケア指数（PA）

　PAとは、Protection Grade of UV-Aの略で、**UV-Aの防止効果**を表します。UV-A照射後、2～24時間に生じる**皮膚の即時黒化を指標**にしたものです。4段階の「**+**」マークで表示され、「**+**」の数が多いほどUV-A防止効果が高いことを示します。

分類表示	意味
PA+ （プラス）	UV-A防止効果が**ある**
PA++ （ツープラス）	UV-A防止効果が**かなりある**
PA+++ （スリープラス）	UV-A防止効果が**非常にある**
PA++++ （フォープラス）	UV-A防止効果が**極めて高い**

05 肌を劣化させる要因

UV 耐水性

　UV耐水性とは、水に接したり、浸かったりするときの、肌の外部から付着する**水分に対する紫外線カット効果の維持(強さ)をあらわす指標**です。水に触れない条件で測定したSPFが、水に接したり、浸かったりしたときにどれだけ維持できるかを調べ、一定の基準を満たした製品に表示されます。2段階の「★」マークで表示され、**★の数が多いほど耐水性が高い**ことを示しています。

表記内容	測定方法
UV耐水性 ★ （ワンスター）	水浴条件で合計**40分**（20分×2回）SPF値が水に浸かる前の50%以上維持
UV耐水性 ★★ （ツースター）	水浴条件で合計**80分**（20分×4回）SPF値が水に浸かる前の50%以上維持

検定POINT 日焼け止めの選び方

日焼け止めを選ぶ時には以下の表を参考に**使用する場面（アウトドア、日常使い、紫外線の強さ、日光に当たる時間など）を考慮して選びましょう**。ただし、表示SPFはあくまでも完璧な塗布状態のときの目安なので、きちんと塗りましょう。将来的な紫外線のダメージを考え、目安よりもやや高いSPF・PAのものを選ぶのもよいでしょう。

生活シーンに合わせた紫外線防止用化粧品の選び方

紫外線防御（SPF）			水に触れない	水に触れる	水に浸かる	紫外線防御（PA）
半分の量のSPF[3]	表示SPF					
16.7	50+ / 50	長時間の屋外活動	水に濡れないスポーツやスポーツ観戦 登山 ハイキングなど	沢遊び クルージング 洗車 ガーデニングなど	屋外プール 海水浴 マリンスポーツ	++++
13.3	40					+++
10.0	30	短時間の屋外活動 日常生活や	日常生活（通勤等）軽いレジャー（散歩、ショッピングなど）			++
6.7	20					
3.3	10					+
耐水性			耐水性表示なし	UV耐水性★[1]	UV耐水性★★[2]	

※1 紫外線防止効果の耐水性が優れている　※2 紫外線防止効果の耐水性が非常に優れている
※3 大多数の人は日焼け止めを2度塗りではなく1度塗りしかできておらず、基準量の半分以下しか塗れていない

子どもも日焼け止めを塗った方がよいの？

子どもの頃に浴びた紫外線の影響は蓄積され、何十年も経ってからシミやシワがあらわれてきます。皮膚がんなどの健康面での影響もあり、小さい頃から紫外線防御を考えることが大切です。米国小児学会は**生後6カ月以上**であれば、**SPF15〜30の日焼け止めを塗ること**を推奨しています。子どもは皮膚が未熟なので、紫外線吸収剤不使用（ノンケミカル処方）がおすすめです。

2 内的要因
身体の中から肌に影響を及ぼすもの

内的要因　❹ 加齢（自然老化）　検定POINT

肌は加齢により、皮膚全体の機能が低下します。例えば**ターンオーバーが遅くなる**ことで角層が厚くなったり、**線維芽細胞の働きが衰える**ことで、コラーゲン線維やエラスチン線維がつくられにくくなり、ハリや弾力が低下したりします。また、**活性酸素（スーパーオキシド）を消去する酵素（SOD）の量は30代をピークに減少し**、さまざまな肌トラブルの原因になります。

※年齢による肌の変化について詳しくは本書 P36 参照

若く健康な皮膚／老化した皮膚
角層・コラーゲン線維・線維芽細胞・エラスチン線維

肌の老化に占める割合は、**加齢（自然老化）が約20%**、**紫外線による老化（光老化）が約80%** という報告があります。老化現象であるシミ、シワ・たるみは、光老化を起こした皮膚ではより強く見られます。

加齢による老化と光老化の違い

	加齢（自然老化）	光老化
原因	加齢	主に**紫外線**を中心とした太陽光線（UV-A, UV-B）
肌の老化に占める割合※	約20%	約80%
起こる場所	太陽光に**当たらない部分**にも起こる	顔、首、手の甲など**太陽光に当たる部分**に起こる
シミ	ほとんどできない	濃いシミが増える
シワ	細かいシワ	細かいシワ〜深いシワ

※人種や生活習慣などにより変わる

05 肌を劣化させる要因

内的要因

❺食生活の乱れ

肌は、食事から摂った栄養素をもとに育まれ、健やかな状態を維持しています。
偏った食事や不規則な食生活は、肌トラブルの原因になることもあります。肌の不調が気になるときは、毎日の食事を見直してみましょう。

炭水化物は穀類を中心に毎食摂る

摂取目標
総カロリーの約55〜60%

脂質（油分）は摂りすぎに気をつける

摂取目標
総カロリーの約25〜30%

動物性の脂質を摂りすぎないなど、**質も考えて摂る**

良質なタンパク質を摂る

摂取目標
総カロリーの約15〜20%

（**必須アミノ酸がバランスよく含まれている**魚や肉、卵、豆類など）

栄養素をバランスよく摂る

炭水化物とともにタンパク質や、ビタミン、ミネラルが含まれる**野菜**も積極的に摂りましょう。乳製品などで**カルシウム**摂取も忘れずに。

塩分（食塩）の摂りすぎに注意しましょう。女性は1日**7g未満**、男性は**8g未満**が目安。

※食事について詳しくは本書P176-183参照

内的要因

❻ 代謝不良

「肌は内臓の鏡」ともいわれ、体内の代謝機能が正常でないと、肌にもその影響※があらわれます。

05 肌を劣化させる要因

全身の代謝不良（血行不良）

`くすみ` `乾燥` `肌荒れ` `くま`

加齢や身体全体の筋力の低下、運動不足などで、血行が悪くなると、**皮膚への酸素や栄養の供給が滞り**、**細胞の代謝が低下**します。その結果、肌のターンオーバーが遅くなり、余分な角質が蓄積して肌がくすんだり、バリア機能が低下して乾燥や肌荒れ、目元の青くまなどが起こりやすくなります。

肝臓の機能低下

`くすみ` `ニキビ` `肌荒れ`

肝臓の働きが悪くなると、肌が**黄色くくすむ**ことがあります。これは**ビリルビン**という黄色い色素が血液中で過剰になり、皮膚に沈着することで起こります。また、肝機能の低下により体内に老廃物がたまると、ニキビや肌荒れの原因になることもあります。

肝臓

腎臓の機能低下

`むくみ`

腎臓の働きが悪くなると、老廃物や余分な水分・塩分を体外に排泄できなくなり、身体だけでなく、顔も**むくみやすく**なることがあります。

腎臓

大腸の機能低下（便秘）

`ニキビ` `肌荒れ`

大腸の働きが悪くなり便秘が続くと、**腸内細菌のバランスが崩れ**、腸内で増加した悪玉菌がつくり出した有害物質が血液を介して皮膚に運ばれ、ニキビや肌荒れの原因になることがあります。

※代謝不良の原因に関連する肌悩みを例示しています。
　これらの肌悩みは必ず起こるということではありません

内的要因
❼ ホルモンバランスの乱れ

検定 POINT

〈 肌に影響を与えるホルモンの種類 〉

　ホルモンバランスの乱れは、肌の不調となってあらわれることがあります。ここでは肌に影響を与える「成長ホルモン」と「性ホルモン」について学びましょう。

　成長ホルモンと性ホルモンは、どちらも脳が分泌をコントロールしています。**成長ホルモンは脳の脳下垂体から直接分泌**され、**性ホルモンは脳からの指令を受けて女性では卵巣から、男性では精巣から分泌**されます。また、量は少ないものの、女性の卵巣からも男性ホルモンが分泌されます。また、男性の精巣から分泌された男性ホルモンの一部は体内で女性ホルモンになります。

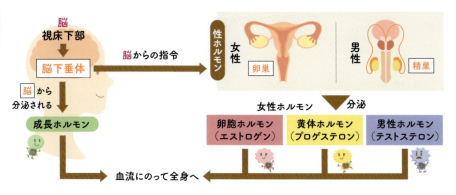

※性ホルモンの一部は副腎皮質からも分泌されます

〈 成長ホルモン 〉

　成長ホルモンは、**肌を含めた全身の代謝**に重要な役割を担っています。**表皮角化細胞を活性化させてターンオーバーを促進**したり、真皮では**線維芽細胞を活性化させてコラーゲン線維の産生を促す**など、美肌のために欠かせないホルモンです。しかし、**成長ホルモンの分泌量は10代をピークに減少**するため、加齢とともにハリや弾力が低下します。

　成長ホルモンは1日の中で、**睡眠**中に最も多く分泌されます。特に**入眠後3時間の間の深い睡眠時に分泌量が高まります**。分泌量を高めるためには、「**いかに入眠直後から3時間程度**の間に深い睡眠に入れるか」が大切なのです。

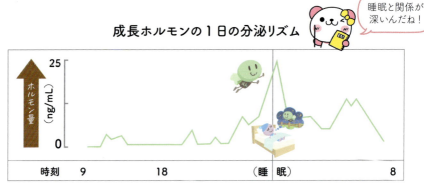

※睡眠について詳しくは本書 P171-175 参照

〈 女性ホルモン 〉

　卵胞ホルモンは美肌に大きく影響するといわれているため、卵胞ホルモンだけあればいいと誤解されがちですが、実際には**黄体ホルモンとのバランスが大切**です。この2つの女性ホルモンの量のバランスは**月経(生理)周期や妊娠、加齢によって変化**し、心身や肌に影響をおよぼします。

女性ホルモンの特徴と肌への作用

	卵胞ホルモン （エストロゲン）	黄体ホルモン （プロゲステロン）
特徴	・子宮内膜を厚くする ・骨密度を保つ ・善玉コレステロールを増やし、悪玉コレステロールを減らす	・子宮内膜を維持する ・基礎体温を上昇させる ・食欲を増進させる ・眠くなる ・イライラする、憂鬱になる
肌への作用	・表皮細胞に働きかけ、肌の**水分量を増やす** ・線維芽細胞を活性化し、**コラーゲン線維やヒアルロン酸を増やして肌のハリを保つ**	・皮脂分泌を促す。**ニキビの原因**になることも ・身体に水分をため込むため、むくみやすくなることも

頭髪への作用	・**頭皮の血行を促し**、頭髪にハリやコシ、ツヤを与える	・**頭髪の成長期を維持**し、太さ・長さを保つ

〈 月経 (生理) 周期と肌の変化 〉

初潮を迎えた女性では、卵胞ホルモン(エストロゲン)と黄体ホルモン(プロゲステロン)の分泌量は**約28日周期で変化**し、それに伴って月経(生理や排卵)が起こります。

05 肌を劣化させる要因

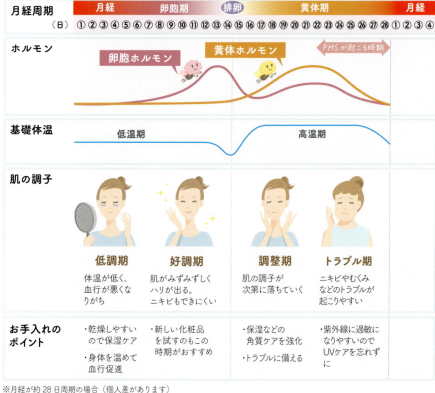

※月経が約28日周期の場合（個人差があります）

PMSとは？

生理が始まる前、黄体期の後半に起こりやすい、イライラ・腹痛・眠気・頭痛など、心と身体のさまざまな不快症状を**PMS**(Pre**M**enstrual **S**yndromeの略＝**月経前症候群**)といいます。PMSは生理の始まりとともに症状が消えて軽くなるのが特徴です。PMSがなぜ発生するかについては諸説ありますが、排卵後に訪れる黄体期における、**エストロゲンとプロゲステロンの急激な減少**が関わっていると考えられています。

なるほど

ライフステージに伴うホルモンの変化と肌への影響

女性は月経(生理)の周期だけでなく、年齢や出産でも女性ホルモンの分泌量やバランスが変わります。

妊娠・出産

女性ホルモンの量は、**妊娠中にピーク**を迎え、**出産とともに急激に低下**します。このため**肝斑**ができやすくなったり、**抜け毛が一時的**に増えることがあります。

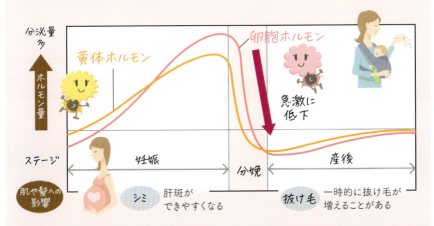

更年期

月経がなくなる**閉経前後5年間の併せて10年間を更年期**といいます。日本人の平均閉経年齢は約50歳といわれますが、早い人では40代前半、遅い人では50代後半に閉経を迎え、更年期に入ります。更年期に入ると、女性ホルモンは急激に減少します。卵胞ホルモンの減少により、細胞の分裂が遅くなると、表皮が薄くなります。さらに血流低下により真皮では**線維芽細胞**の働きが弱まり、コラーゲン線維やヒアルロン酸が減少し、シワ・たるみなどが生じやすくなります。また**黄体ホルモンの減少により皮脂量**が減少するためバリア機能が低下し、肌が乾燥するだけでなく刺激に敏感になる人もいます。

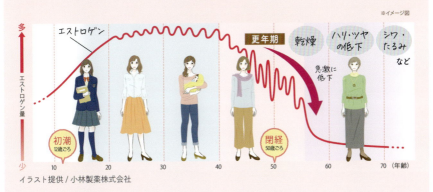

イラスト提供/小林製薬株式会社

〈 男性ホルモン 〉

男性ホルモン（**テストステロン**）には、脳に働きかけて意欲的にさせるといった心理効果があり、女性にとっても活力のもとになるホルモンです。**テストステロン**からつくられる**ジヒドロテストステロン（DHT）**には、**皮脂分泌を活発にする作用**があり、**ニキビ**ができやすくなる原因の1つになります。さらに毛髪の正常な成長を妨げる働きもあるため、**男性ホルモンの量が多い男性の脱毛**の原因になります。

05 肌を劣化させる要因

男性ホルモンの肌への作用

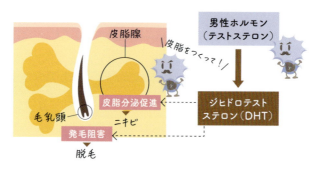

内的要因

❽ ストレス

「**ストレス**」とは、外からの刺激によって、**心や身体が正常ではない歪んだ状態**になることをさします。また、外部環境から受ける刺激のことを「**ストレッサー**」とよび、物理的、化学的、生物学的、社会学的なものの4つに分けられます。

〈 ストレスと肌トラブル 〉

「肌は心の状態を映す鏡」といわれるほど、皮膚はストレスの影響を受けやすい臓器の1つです。私たちの身体は、「**自律神経系**」「**内分泌系**」「**免疫系**」の3つのシステムを相互に働かせてストレスから身体を守り、健康な状態を保とうとしています（**恒常性の維持**）。しかし、長期間にわたって過度なストレスがかかると、これらのバランスがくずれ、乾燥、ニキビ、肌荒れなどさまざまな肌トラブルにつながります。

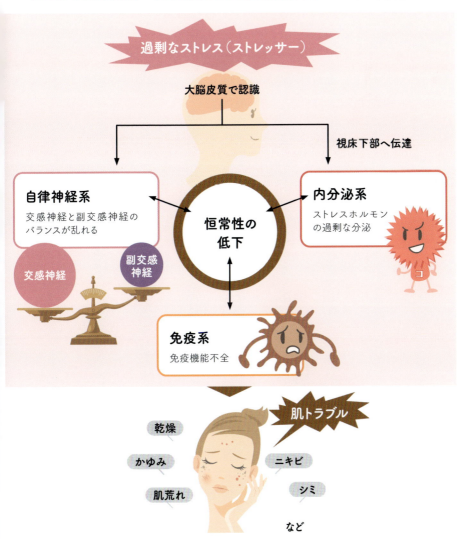

自律神経系

自律神経系は「**交感神経**」と「**副交感神経**」に分かれています。交感神経は身体を動かすとき、副交感神経は身体を休めるときにより強く（優位に）働き、互いにバランスをとりながら身体の機能を調整します。**ストレスを過度に受けると**、リラックス状態を司る副**交感神経よりも交感神経が優位になります**。

05 肌を劣化させる要因

検定 POINT　交感神経と副交感神経の役割

一般的に交感神経が優位になると、**血圧や心拍数が増加**し、体温を調節するために**発汗を促します**。また、**胃や腸の働きが抑制**されて便秘になると、**ニキビや肌荒れ**につながったり、**血管の収縮**により血流が低下すると血行不良になり、くすみにつながったりすることもあります。

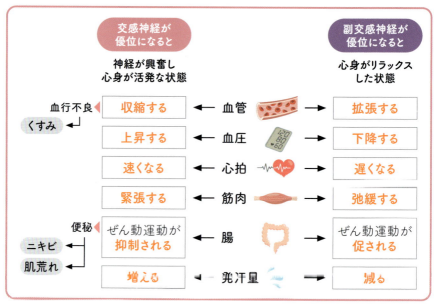

内分泌系

内分泌系とは、**ホルモンをつくって分泌する**ことで**身体のさまざまな機能の調節を行うしくみ**のことです。ストレスホルモンともよばれる**コルチゾール**は、**脳下垂体から分泌されるACTH**（副腎皮質刺激ホルモン）の指令によって、**副腎**から放出されます。心身に過剰なストレスを受けると**コルチゾールが過剰に分泌**され、肌トラブルの原因になります。

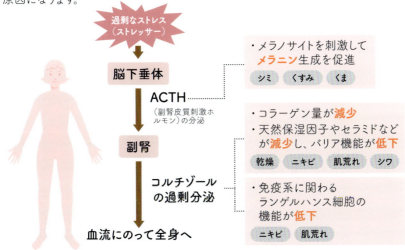

免疫系

免疫系には**自律神経系や内分泌系も関わってきます**。一般的に長期間にわたって強いストレスがかかることにより、交感神経優位の状態が長く続いたり、副腎からコルチゾールが過剰に分泌されると、**表皮のランゲルハンス細胞の数や突起が減少**し、肌の免疫機能が低下すると考えられています。

3 外的要因＋内的要因
身体の外と中の両方から影響を及ぼすもの

05 肌を劣化させる要因

`外的要因` `内的要因`

❾酸化

検定 POINT

「**酸化**」とは、酸素が物質（分子）に結びつく反応、あるいは他の物質から電子を奪い取る反応のことです。酸化は肌の表面や内部でも起こっており、その原因の1つになるのが「**活性酸素**」です。

> 鉄が錆びたり、りんごの切り口が茶色に変色するのも酸化によるものなんだよ

〈 活性酸素を増やす要因 〉

活性酸素は、呼吸によって取り入れられた酸素の一部がエネルギー代謝の過程で変化して日常的に体内で発生しています。さらに紫外線や過度なストレスなどのさまざまな要因によって過剰に増えます。

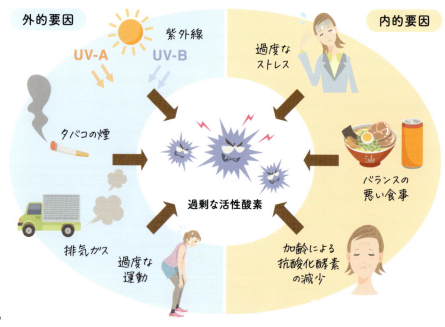

どうして加齢で活性酸素が増えるの？

本来私たちの身体には、体内で発生した活性酸素を消去する作用をもつ**SOD**（**スーパーオキシド分解酵素**）や**カタラーゼ**（**過酸化水素分解酵素**）などの抗酸化酵素をつくる力が備わっています。しかし、この力は**加齢とともに衰えるため**、過剰に発生した活性酸素を消去できなくなり、活性酸素の影響をより受けやすくなります。

〈 活性酸素の種類 〉

活性酸素には、**フリーラジカル**（**スーパーオキシド**、**ヒドロキシラジカル**など）と**フリーラジカルではないもの**（**過酸化水素**、**一重項酸素**など）があります。

フリーラジカル

体内で最も多く発生する
スーパーオキシド

酸素からエネルギーをつくるときに発生。反応性は低い

最も狂暴な活性酸素
ヒドロキシラジカル

最も反応性が高い

フリーラジカルではない

狂暴なヒドロキシラジカルになる
過酸化水素

反応性は低いが、ヒドロキシラジカルを生成する

紫外線により発生する
一重項酸素

紫外線を浴びると発生。反応性は高い

フリーラジカルとは

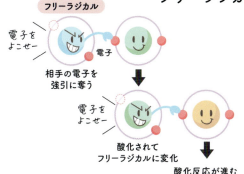

フリーラジカルとは、**電子**のバランスがくずれて不安定であるために、ほかの分子から強引に**電子**を奪って相手を**酸化**してしまいます。酸化された相手は、今度は自分自身がフリーラジカルになり、また新たに他の電子を奪おうとします。このように一度反応が起こると、どんどん酸化が進んでしまいます。

〈 活性酸素による肌への影響 〉

活性酸素が過剰に増え、細胞やDNAが傷つけられると、**炎症が起き、バリア機能が低下して乾燥や肌荒れの原因**になります。また、活性酸素によって**皮脂が酸化されると、過酸化脂質へと変化**します。過酸化脂質は角化異常や毛穴の詰まりを引き起こし、ニキビの原因になることがあります。さらに、活性酸素により**コラーゲン線維などが変性**すると、ハリ・弾力が低下し**シワ**や**たるみ**の原因に。このように活性酸素は複雑に関連しあって、さまざまな肌トラブルを引き起こします。

05 肌を劣化させる要因

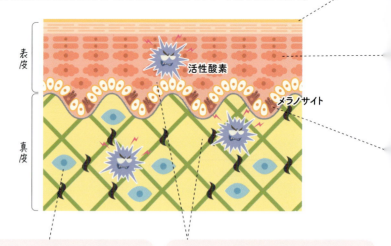

真皮 　線維芽細胞のダメージ

線維芽細胞が傷つくことで、**ヒアルロン酸・コラーゲン線維・エラスチン線維をつくる力が低下**。さらにこれらを分解する**酵素が活性化し、分解されたり変性したりする**ことで、ハリ・弾力が低下する

表皮 ＋ 真皮 　カルボニル化

タンパク質が過酸化脂質の分解物と結びつき、**黄色く変性したALEs(脂質過酸化最終産物)**がつくられるため、肌が黄ぐすむ。表皮、真皮のどちらでも起こる

シワ・たるみ

黄ぐすみ

| 肌表面 | **皮脂の酸化** |

皮脂が酸化されると**炎症が起こりバリア機能**が**低下**するため、**乾燥**や**肌荒れ**に。また毛穴に詰まった皮脂が酸化されると**ニキビ**の原因になる

 乾燥
 肌荒れ
 ニキビ

| 表皮 | **表皮角化細胞のダメージ** |

細胞が傷ついたり、DNAがダメージを受けると、**炎症が起こりバリア機能が低下**するため、**乾燥**や**肌荒れ**に

 乾燥
 肌荒れ

| 表皮 | **メラニン量の増加** |

ダメージを受けた表皮角化細胞からのメラニン生成指令が増え、メラノサイトの**メラニン**生成量が増える

 シミ　くすみ

| 外的要因 | 内的要因 |

❿ 糖化

「糖化」とは、**タンパク質**と**糖**が結びつき、**茶褐色のAGEs（最終糖化産物）ができる反応**のこと。肌の中で**AGEs**がつくられ蓄積すると、**黄ぐすみだけでなくハリ・弾力が低下する原因**にもなります。糖化は、紫外線などの外的要因や糖質の摂りすぎ、飲酒などの内的要因、酸化によっても進んでしまうことがわかっています。

PART 06

生活習慣美容
(睡眠・食事と飲み物・運動・入浴)

肌や身体の状態は
生活習慣と密接な関係があります。
ここでは元気な身体と健やかな肌を保つための
基本的な生活習慣について学びます。
毎日の過ごし方にも意識を向けて、
身体の内側から美しさを手に入れましょう。

生活習慣や食事も大事だよ！

1 睡眠

健やかな身体と肌への近道

　美肌への近道は「睡眠」といわれるほど、睡眠は身体の疲れを取るだけではなく、肌にも大切です。健やかな肌を手に入れるために必要な、睡眠の基本的な知識を学びましょう。

レム睡眠とノンレム睡眠

　睡眠は浅い「**レム睡眠**[*1]」と深い「**ノンレム睡眠**」を交互に繰り返しています。2種類の睡眠は**約90分の周期**[*2]であらわれ、起床に向けて、徐々に1回ごとのレム睡眠の時間が長くなります。レム睡眠では**脳が活発に働き**、記憶の整理や定着が行われています。一方、ノンレム睡眠では**脳は休息**し、この間に**成長ホルモン**が分泌され、**肌を含む身体の細胞が再生**されます。

*1　レム睡眠は、眠っているときに眼球が素早く動く(英語で Rapid Eye Movement)ことから名づけられました
*2　睡眠の周期には個人差があります

レム睡眠（浅い睡眠／脳は起きている）
- 眼球が動く
- 身体の休息
- 脳は活発に働いている
- 夢をよく見る
- 記憶の整理

ノンレム睡眠（深い睡眠／脳も休息）
- 眼球が動かないか穏やかな動き
- 脳の休息
- 脳の活動が低下

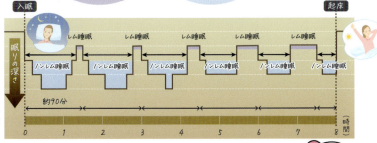

寝入った時間から計算してレム睡眠のタイミングで目覚まし時計をかけると、寝起きがスッキリするといわれているよ！

睡眠と関係の深いホルモン

肌は**睡眠中に分泌される成長ホルモンの働きで再生修復が促されます**。しかし、不規則な生活で**睡眠の量と質が低下すると、成長ホルモンの分泌量が減少し**、肌トラブルが起こりやすくなります。この睡眠には、**入眠を促すメラトニン**と、**目覚めの準備をするコルチゾール**という2つのホルモンも大きく関わっています。

睡眠不足による肌トラブル
乾燥　肌荒れ　ニキビ　くすみ　くま

一晩の睡眠のリズムとホルモン分泌

寝ている間にこんなことが起きているよ！

成長ホルモン 肌の再生を促す

特徴 一日のなかで睡眠中に最も多く分泌され、**入眠直後から3時間程度の深い睡眠中**に分泌量が高まる。細胞を再生させ、筋肉の成長、健康維持、肌再生を促す。また、体脂肪の減少、免疫機能の維持などの働きもある。

肌への作用 **ターンオーバーを促進**し、肌の再生を促す。

メラトニン 入眠を促し睡眠の質を高める

特徴 日中に**日光を浴びる**ことで、**セロトニン**が分泌される。この**セロトニン**が**メラトニン**に変わり、**夜間**に分泌されると入眠が促され**睡眠の質が高まる**。

肌への作用 **抗酸化**作用や**抗炎症**作用があり、日中の紫外線などによるダメージからの回復を助ける。

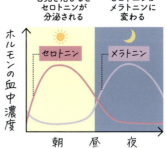

コルチゾール 目覚めの準備をする

特徴 **覚醒**作用があり、目覚めの準備に大切なホルモン。**明け方**にかけて分泌が高まる。

肌への作用 強いストレスを受けるなどして、分泌量が過剰になると、真皮のコラーゲン量を減少させたり、バリア機能を低下させたりする。

質のよい睡眠をとるための生活習慣

よい睡眠には「量（寝る時間）」だけでなく「質」が大事です。睡眠の質には生活習慣が大きく影響するため、次のポイントを心がけましょう。

06 生活習慣美容

就寝前は明るい光を避ける

就寝前に**強い光やブルーライト**などを浴びると**メラトニンが分泌されにくくなり、自然な眠りを妨げて**しまいます。就寝の1時間前にはスマートフォンやテレビの使用を止め、照明も暗めにして過ごしましょう。

就寝前にリラックス

スムーズに入眠するためには**リラックスし、脳の興奮を鎮める**ことが大切です。**ラベンダーやマンダリン、カモミール**などのアロマオイル、または自分が心地よいと感じる香りで部屋を満たすのもおすすめです。

就寝の1～2時間前に入浴を

就寝1～2時間前の入浴は、入浴後の熱放散を促進し、入眠を促す効果があります。**38～40℃くらいのぬるめの湯で**20分程度ゆっくりと入浴し、身体を温めてリラックスしましょう。

夕方以降はカフェインやアルコールを避ける

カフェインは脳を刺激し覚醒させるため、遅くても就寝の4時間前からは摂取を控えましょう。寝酒も睡眠の質を下げてしまいます。**ハーブティー**など**ノンカフェイン**のものを。

カフェインは摂ってから30分から1時間後に血中濃度がピークになるよ。3～5時間後に半分に減るから睡眠の質を下げないためには、コーヒーや紅茶を飲むのは寝る4時間前までにしようね！

朝の光で体内時計をリセット
起床時に朝の光を浴びて**メラトニンの分泌を抑える**ことで**体内時計をリセット**しましょう。

朝食を摂る
朝食で**メラトニンのもとになるトリプトファン**を摂りましょう。体内時計も整います。

食事から摂取　必須アミノ酸
トリプトファン

<u>トリプトファン</u>が多く含まれる食材
・大豆製品（豆腐、納豆、豆乳など）
・乳製品（牛乳、チーズ、ヨーグルトなど）
・卵　・バナナ

日中に日光を浴びる
日中に**日光を浴びる**ことで**セロトニンが分泌**されます。

日中に
セロトニン がしっかり分泌される

夜に
メラトニン がしっかり
分泌されるため深い睡眠
が得られる

日中の活動で昼夜のメリハリを
日中の活動量を増やすことで入眠が促され、睡眠時間や睡眠効率が改善します。有酸素運動、筋力トレーニングなどライフスタイルに合わせた運動習慣を確立しましょう。**夕方の時間帯の運動も睡眠の質の改善に有効**です。**就寝の2時間前までに終える**ようにしましょう。

（時） 0 / 3 / 6 / 9 / 12

寝だめで睡眠不足は解消できないよ！ 休日も平日と同じ時間に起きて**12〜15時の間に15〜30分の昼寝をする**と睡眠不足が解消できるよ！

寝だめしたのに……

2 食事と飲み物

口にするものが健康な身体と美しい肌のもとになる

美肌には特定のものばかり摂取するのではなく、**さまざまな栄養素をバランスよく摂る**ことが大切です。

〈 6大栄養素 〉

健康に欠かせない主な栄養素に**炭水化物、タンパク質、脂質、ミネラル、ビタミン、食物繊維**があります。これらを**6大栄養素**といいます。

06 生活習慣美容

炭水化物
- **身体**：身体を動かす**エネルギー源**になる
- **肌**：**新しい細胞をつくり、ダメージを修復**するための**エネルギー源**になる

タンパク質
- **身体**：身体をつくるもとになる
- **肌**：肌をつくる根本的な栄養素。ハリや弾力を保つ**コラーゲン線維やエラスチン線維をつくるもと**になる

脂質
- **身体**：身体を動かすエネルギー源になる
- **肌**：水分保持に関わる**セラミド**などの**細胞間脂質をつくるもと**になる

発酵食品とは？

微生物の働きによって、もともとの食材の味や栄養素が高められるなどの変化が生まれた食品全般をさします。代表的な食品は納豆やみそ、ヨーグルトや漬物などです。

 納豆
 みそ　キムチ

肌のもとになるタンパク質や肌の代謝を助けるビタミンやミネラルが不足すると、ターンオーバーが乱れてバリア機能が低下し、肌トラブルに！また、ダイエットなどを目的とした過剰な糖質制限は便秘、ニキビ、肌荒れなどの原因になることもあるよ！

食物繊維

身体	腸内環境を整えることで便秘を解消する 不溶性食物繊維：腸を刺激し、ぜん動運動を活発にして排便を促す 水溶性食物繊維：腸内の善玉菌のエサとなり、腸内環境を整える
肌	肌荒れ防止につながる

ビタミン

身体	代謝を助け、身体の調子を整える
肌	皮膚や粘膜の健康維持を助けるビタミンA、抗酸化作用のあるビタミンC、Eなどがあり、肌にとって重要

ミネラル（亜鉛・鉄・カルシウム・カリウムなど）

身体	身体の細胞の機能維持に関わる
肌	肌のタンパク質などの代謝や、新しい細胞の生成、修復にも関わる

バランスのよい食事とは

　健康な人が栄養をバランスよく摂るため、1日に「なにを」「どれだけ」食べたらよいかの目安をコマの形と料理で説明します。コマを食材や、含まれる炭水化物・ビタミン・食物繊維・タンパク質などの栄養素によって5つの料理グループに分け、それぞれのグループから目安量を食べると、1日に必要な栄養素をバランスよく摂れるようになっています。

＊厚生労働省、農林水産省が決定した「食事バランスガイド」に基づき日本化粧品検定協会が作成

1日分の食事が完璧なコマの形にならなかったとしても、3日、もしくは1週間を目安に食生活を振り返り、バランスを取るようにしましょう。

バランスの悪い例
（主食と副菜が欠けて、主菜が多すぎる例）

1日分	料理例

想定エネルギー量
2,200kcal ± 200kcal（基本形）

5〜7つ(SV) 主食（ごはん、パン、麺）
ごはん（中盛り）だったら4杯程度

5〜6つ(SV) 副菜（野菜、きのこ、いも、海藻料理）
野菜料理5皿程度

3〜5つ(SV) 主菜（肉、魚、卵、大豆料理）
肉・魚・卵・大豆料理から3皿程度

2つ(SV) 牛乳・乳製品
牛乳だったら1本程度

2つ(SV) 果物
みかんだったら2個程度

※SVとはサービング（食事の提供量の単位）の略

※脂質は主菜である肉や魚、牛乳・乳製品から摂取することができます

> **検定 POINT**

美肌づくりのために注目したい栄養素

　美肌づくりで注目したい栄養素は、**ビタミンA、C、Eの3種**と**タンパク質**です。これらを**一緒に摂ることで**お互いに**作用を強化**したり、**足りない部分を補う**などの効果を発揮します。これらの栄養素の肌への作用や効果的な摂取方法について学びましょう。

06 生活習慣美容

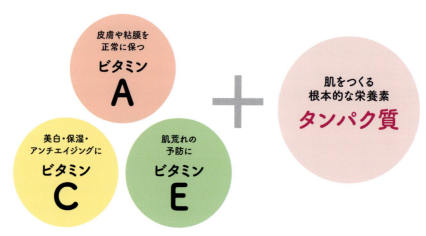

皮膚や粘膜を正常に保つ　ビタミンA

美白・保湿・アンチエイジングに　ビタミンC

肌荒れの予防に　ビタミンE

＋

肌をつくる根本的な栄養素　タンパク質

肌をつくる根本的な栄養素
タンパク質

肌はもちろん、髪や爪などをつくる栄養素。ビタミンなどの栄養素とともにバランスよく取り入れることで、健康な肌をつくります。**体内で合成できない必須アミノ酸を含んでいるため、食事などから摂取**しなければなりません。

多く含まれる食品例

肉　魚　卵　納豆（大豆）

お肉は脂質も多いから脂質の摂りすぎを気にする場合は、蒸す・茹でるなどのシンプルな調理法にするとカロリーダウンできるよ！

皮膚や粘膜を正常に保つ
ビタミンA

ターンオーバーを促すなど皮膚や粘膜の健康維持を助け、肌荒れ防止に関わるビタミン。抗酸化作用もあります。脂溶性ビタミンのため、食事では油分と一緒に摂取すると吸収率が高まります。摂取量の目安は、緑黄色野菜を1日に100g以上です。

ビタミンAが多く含まれる食品例

レバー　　うなぎ

β-カロテンが多く含まれる食品例

ほうれんそう　にんじん
緑黄色野菜

> ビタミンAは体内に蓄積されるから、1日の摂取量に上限があるよ！だけど緑黄色野菜や果物に含まれるβ-カロテンは、必要分が体内でビタミンAに変換されるから、通常の食事では過剰摂取の心配はないんだよ！

美白・保湿・アンチエイジングに
ビタミンC

抗酸化作用があり、メラニンの沈着防止や肌のコラーゲンの生成を助けてくれるビタミン。血管壁を強化する働きもあります。ビタミンCは一度に必要以上に摂取しても、尿として排出されてしまうため、毎日少しずつ摂取することが大切です。

多く含まれる食品例

レモン　　いちご　　キウイ

じゃがいも　赤パプリカ　ブロッコリー

> ビタミンCは果物に多く含まれるけど、果物は糖分が多いから摂りすぎには注意しようね！

肌荒れの予防に
ビタミンE

抗酸化作用により肌の脂質を酸化から守るビタミン。血行促進作用による肌荒れ改善効果や細胞の健康維持を助ける作用もあります。ビタミンAと同様に脂溶性ビタミンのため、油分と一緒に摂取すると吸収率が高まります。熱に強いため、加熱調理することもできます。

多く含まれる食品例

アーモンド　落花生　　ゴマ
　　　　　ナッツ類

　　たらこ　　　植物油
　　　　　　（サフラワー油など）

181

健康的な食生活のポイント

よく咀嚼する

よく噛むことは**消化を助ける**だけでなく、**脳の満腹中枢が刺激**されて食べ過ぎを抑えられます。顔の筋肉も鍛えられ、**フェイスラインのたるみも予防**できます。

野菜を先に食べる

炭水化物の前に野菜を食べると食べ過ぎを防ぐだけでなく、**血糖値の上昇を抑える**ことができます。これにより皮脂分泌が抑えられ、**ニキビ予防**にもよいことがわかってきています。野菜の摂取量は**1日350gを目標**に。小鉢の野菜を1つ分として**1日で5つ分が目安**です。

3食規則的に食べる

食事を抜くと空腹が続くため身体が飢餓状態になり、次の食事の摂取量がかえって多くなり、**肥満につながる**こともあります。**3食規則的な時間に食べる**ように心がけましょう。

糖質抜きダイエットは要注意！

極端に糖質を減らしたり抜くと、低血糖症による頭痛や眠気、吐き気などが起こる可能性があります。**ダイエット中こそ、栄養のバランスに注意**することが大切です。まずは脂質の摂取量を1日50～70g程度に、炭水化物を1日**130g以下**（1回の食事で20～40g程度）に減らし、肉や魚、大豆などのタンパク質もバランスよく摂りましょう。

そうなんだね

就寝3時間前には食べ終える

就寝前の夜食や間食は、**消化活動**により**睡眠の質を低下**させます。食事は**就寝3時間前**までに終わらせましょう。

水はこまめに摂る

成人では体重の約60〜70％を水分が占めています。運動の有無や季節によって差はあるものの、尿や汗などで1日に約2.5Lの水が失われるため、水分を補うことが大切です。食事からは約1Lの水分を摂取でき、体内で約0.3Lの水分がつくられます。残りの約1.2Lは飲み水をこまめに摂りましょう。

温かいものを摂る

温かいものを飲む習慣をつけましょう。温かい飲み物は血行を促進し、肌の代謝を高めます。

※ただし熱中症対策では、深部体温を下げるために冷たいものを摂ることが推奨されています

味付けは薄味にする

塩分を摂りすぎると、肥満や生活習慣病のリスクが高まります。足のむくみが気になる場合も塩分を摂りすぎていないか食生活を振り返ってみましょう。外食や加工食品を減らし、薄味を心がけましょう。

> カフェインの摂り過ぎには注意しようね！

カフェインとうまく付き合う

カフェインには神経を興奮させ、血管を収縮させる作用があるため、摂り過ぎは身体にも肌にもよくありません。

カフェインには安全に摂取できる上限があり、健康な成人で1日400mgまでとされています。また睡眠の妨げになるため、就寝の4時間前からは摂取を避けましょう。エナジードリンクにも多く含まれているので注意が必要です。

100mLあたりのカフェイン含有量（単位はmg）

玉露	コーヒー	紅茶	ウーロン茶	煎茶	ほうじ茶	玄米茶	麦茶	エナジードリンク
160	60	30	20	20	20	10	0	32〜300

※製品によってカフェイン濃度及び内容量が異なります

3 運動

健康にも美容のためにも必要

運動は、定期的に行うと**心肺機能の向上や筋力アップ、ストレス解消、生活習慣病の予防**につながります。また、運動は身体だけでなく美肌のためにも必要です。

〈 運動の種類と特徴 〉

種類	特徴
有酸素運動	・ **しっかりと呼吸をしながら、全身の筋肉に酸素を行きわたらせるように行う、比較的長時間行える運動** ・ **脂肪燃焼には酸素が必要**になるため、有酸素運動により肥満解消効果が期待できます。特に有酸素運動の前に**筋力トレーニング**を行うと、**効率よく脂肪を燃焼**することができます
無酸素運動	・ **瞬発的に筋肉を収縮させ、比較的短時間で強い力を使う運動** ・ 筋肉を鍛えることで**筋肉量が増え、基礎代謝が上がり、太りにくい身体**になります。特に背筋や腹筋を鍛えると正しい姿勢になり、下半身の筋肉を鍛えるとむくみの改善につながります
ストレッチ	・ **楽に呼吸しながら反動をつけず、ゆっくりと筋肉を伸ばして柔軟性を高める運動**。よりストレッチ効果を得るためには**20〜30秒程度**持続的に行うとよい。 ・ 有酸素運動や無酸素運動の前後にストレッチを行うことで、**関節の動きをよくし、**運動で緊張した筋肉をほぐす効果があります。運動前後のストレッチは**ケガの予防**に不可欠です。

06
生活習慣美容

運動すると肌の血行がよくなるだけでなく、ハリ・弾力の改善につながるよ。
さらに、下半身の筋肉量が多い人ほど、顔のシミが少ないという報告もあるんだよ！

血行促進
ハリ・弾力の改善

運動例	効果
・ウォーキング ・ジョギング ・サイクリング ・水泳 など 	・**心肺機能**の向上 ・体脂肪の燃焼 ・**血行促進** ・持久力を発揮するときに使う 　**筋肉（遅筋）の増加** ・**持久力**の向上 （肌） ・血行促進により肌に栄養が行き渡る ・血行不良によるくすみ・くまの改善 など
・短距離走 ・筋力トレーニング （腹筋、腕立て伏せ、スクワットなど） など 	・大きな力を発揮するときに使う 　**筋肉（速筋）の増加** ・基礎代謝の向上 （肌） ・成長ホルモンの分泌によるターンオーバーの促進など
・柔軟運動 ・ラジオ体操 など 	・血行促進 ・**柔軟性**の向上 ・**関節の可動域**を広げる ・疲労回復 ・**ケガ予防** ・リラックス効果 （肌） ・血行促進により肌に栄養が行き渡る など

※いずれの運動も無理して行うと逆効果になるため、めまいや動悸、痛み、吐き気などの症状が出た場合は速やかに中止して休みましょう。
特に持病がある場合や病後など筋力が落ちているとき、産前・産後などは安全に行うためにプロの指導を受けるのが望ましいです

〈 運動量の目安 〉

健康維持のために最低限必要な運動量です。個人差を踏まえ、できるだけ、以下の運動量はこなせるようにしましょう。

対象者	身体活動	座位行動に関する注意点
高齢者	+ 歩行またはそれと同等以上の身体活動 **1日40分以上** （例：1日約6,000歩以上） / 有酸素運動・筋力トレーニング バランス運動・柔軟運動 など多要素な運動 **筋力トレーニングを週2〜3日** **合計週3日以上**	 座りっぱなしの時間が長くなりすぎないように注意する
成人	+  歩行またはそれと同等以上の身体活動 **1日60分以上** （例：1日約8,000歩以上） / 息が弾み汗をかく程度以上の運動 **筋力トレーニングを週2〜3日** **合計週60分以上**	
子ども	 身体を使った遊び、生活活動、体育・スポーツ **1日60分以上**	 テレビやゲーム、スマートフォンなどの利用時間を減らし、座りっぱなしの時間を減らす

*厚生労働省「健康づくりのための身体活動・運動ガイド2023」参照

4 入浴

リラックスだけではない健康効果

　入浴は**肌を清潔に保つ**だけでなく、湯船に浸かることによって**身体が温まって血行がよくなり、新陳代謝が高まる、自律神経のバランスが整う、疲労回復やリラックスができる**などの多くの効果が期待できます。また、湯船の中では**浮力**が働くため、**重力から解放されて筋肉が**ほぐれます。シャワーで終わらせずに、湯船に浸かることを毎日の習慣にしましょう。

全身浴の3大効果

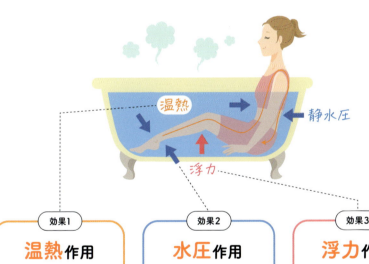

効果1
温熱作用
身体を温めて
血流アップ

温かいお湯に浸かると**体温が上がって血管が**やわらかくなり、**血流がアップ**します。そのため、肩コリや腰痛などが軽減されて疲れも取れやすくなります。

効果2
水圧作用
圧力を受けて
むくみを改善

湯船にはったお湯の**水圧（静水圧）**によるしめつけ効果によって**血行が促進**され、足などのむくみの改善につながります。

効果3
浮力作用
筋肉がほぐれ
緊張が緩和

肩までお湯に浸かると**体重が約10分の1程度**になります。**重力から解放**されて筋肉や関節への負担も軽減し、疲労回復やリラックス効果にもつながります。

〈 血流を促すための入浴法 〉

身体を温め血流を促すために効果的な入浴法を知りましょう。
※入浴法は一例です

1 水分を摂る

入浴前にコップ1杯の水分を摂る

5 湯船に浸かる

再度、ぬるめのお湯に5分程度肩まで浸かる

2 かけ湯

2～3分程度かけ湯（もしくはシャワー）をする

6 お風呂から出て、保湿ケア

出るときは湯船からゆっくりと立ち上がる。お風呂から出たら、十分に水滴をふき取り、保湿ケアを行う

3 湯船に浸かる

ぬるめの湯に5分程度肩まで浸かる

4 洗う

頭→髪→顔→身体の順に洗う
※メイク落とし（クレンジング）は髪を洗う前に済ませておく

7 水分を摂る

入浴後もコップ1杯の水分を摂る

公衆浴場では、マナーとして入浴前に身体を洗う必要があるから、順番が変わるよ！

06 生活習慣美容

半身浴より全身浴

美容には半身浴がよいというイメージがありますが、**全身浴でこそ「3大効果」が発揮される**ため、しっかり肩まで浸かることが大切です。ただし、**20分以上の長時間温浴**をするときは、心臓に負担をかけないように、浴室の温度を調整し**ぬるめのお湯で半身浴**をしましょう。半身浴というと、腰ぐらいまでと考えている方もいますが、みぞおちまで浸かるのが基本です。

短時間での
入浴効果の高さ
　〇 半身浴　　　◎ 全身浴

〈 湯の温度が自律神経に与える影響 〉

入浴時の湯の温度によって優位になる**自律神経**が変わります。体調や目的に合わせて入浴する温度を選びましょう。

	ぬるめの湯	熱めの湯
湯の温度	夏38〜39℃ 冬38〜40℃	41℃以上 ※心肺系の疾患がある方は、高温での長湯は避けましょう
効果	副交感神経の働きが高まり**リラックス効果**が得られる	交感神経の働きが高まり**覚醒効果**が得られる
おすすめの入浴シーン	疲れているときや運動後は、20分程度、浸かるのがおすすめ	朝、眠気を覚ましたいとき、勉強や仕事に集中したいとき

入浴は就寝1〜2時間前にすませると、睡眠の質が高まるよ！

例題にチャレンジ！

Q 副交感神経よりも交感神経が優位になると、身体にはどのような変化が起こるか。次の空欄（Ａ）～（Ｄ）にあてはまる語句の組み合わせとして、適切なものを選べ。

06 生活習慣美容

	心拍	血管	発汗量	腸のぜん動運動
交感神経優位	（Ａ）	（Ｂ）	（Ｃ）	（Ｄ）

1. Ａ：速くなる　　Ｂ：収縮する
   Ｃ：増える　　　Ｄ：抑制される
2. Ａ：速くなる　　Ｂ：拡張する
   Ｃ：増える　　　Ｄ：促される
3. Ａ：遅くなる　　Ｂ：拡張する
   Ｃ：減る　　　　Ｄ：促される
4. Ａ：遅くなる　　Ｂ：収縮する
   Ｃ：減る　　　　Ｄ：抑制される

【解答】1

【解説】一般的に副交感神経よりも交感神経が優位になると、心拍数が増加し、血管が収縮して血流が悪くなり、発汗が増える。また腸のぜん動運動が抑制され、体調の変化としてあらわれることがある。

P164で復習！

試験対策は問題集で！
公式サイトで限定販売

PART 07

筋肉・ツボ・リンパ

疲労をやわらげたり、リラックスを目的とした健康法として、
ツボ押しやリンパマッサージなどが広く知られています。
顔の筋肉である表情筋の特徴や
顔のマッサージやツボの押し方、
リンパマッサージの方法などを学んでいきましょう。

毎日のお手入れに取り入れてみよう

1 筋肉（表情筋）

約30種類の筋肉で、さまざまな感情を表現

身体と顔の筋肉のつき方の違い

身体と顔は筋肉のつき方が異なります。一般的に筋肉といわれる、**身体を動かし支えるための筋肉（骨格筋）は両端が骨につながっています**が、顔まわりの主な筋肉である**表情筋は一端が骨に、もう一端は皮膚につながっています**。これにより頬や目、鼻、口などを動かし、さまざまな感情を表現することができます。

07 筋肉・ツボ・リンパ

身体の筋肉（骨格筋）
両端が骨につながっている

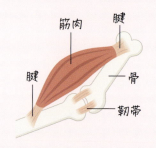

骨格筋により身体を支え動かすことができる

顔の筋肉（表情筋）
骨と皮膚につながっている

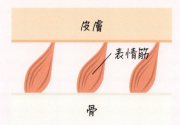

※口輪筋、眼輪筋などの一部は、皮膚と皮膚につながっている

表情筋により豊かな表情が生まれる

顔まわりの主な筋肉「表情筋」

表情筋はおおよそ 30 種類ほどあり、複数の筋肉が動くことでさまざまな表情をつくり出します。主な表情筋の種類とそれらの緊張や衰えによって起こる肌悩みとその対策について知りましょう。

主な表情筋の種類と関係する肌悩み

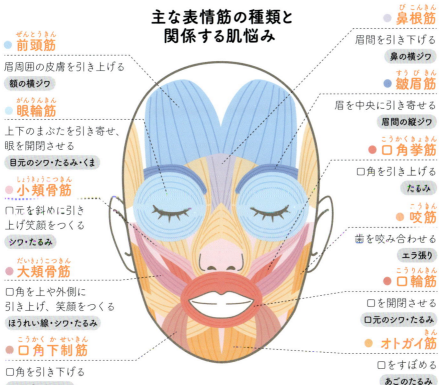

- **前頭筋**（ぜんとうきん）
  眉周囲の皮膚を引き上げる
  額の横ジワ

- **眼輪筋**（がんりんきん）
  上下のまぶたを引き寄せ、眼を開閉させる
  目元のシワ・たるみ・くま

- **小頬骨筋**（しょうきょうこつきん）
  口元を斜めに引き上げ笑顔をつくる
  シワ・たるみ

- **大頬骨筋**（だいきょうこつきん）
  口角を上や外側に引き上げ、笑顔をつくる
  ほうれい線・シワ・たるみ

- **口角下制筋**（こうかくかせいきん）
  口角を引き下げる
  マリオネットライン

- **鼻根筋**（びこんきん）
  眉間を引き下げる
  鼻の横ジワ

- **皺眉筋**（すうびきん）
  眉を中央に引き寄せる
  眉間の縦ジワ

- **口角挙筋**（こうかくきょきん）
  口角を引き上げる
  たるみ

- **咬筋**（こうきん）
  歯を咬み合わせる
  エラ張り

- **口輪筋**（こうりんきん）
  口を開閉させる
  口元のシワ・たるみ

- **オトガイ筋**（きん）
  口をすぼめる
  あごのたるみ

顔の上半分にある表情筋

前頭筋や皺眉筋など、緊張が続くと額の横ジワや眉間の縦ジワなどの**表情ジワの原因**に。

> 対策
筋肉をほぐすマッサージを行う。

顔の下半分の表情筋

衰えると肌の組織を支えきれなくなり、**たるみ**の原因に。

> 対策
咀嚼回数を多くする、口角を上げる、口まわりを動かす体操などを取り入れるなど、**意識的に筋肉を動かして鍛える**。

顔の筋肉マッサージ

表情筋をあまり使わなかったり、加齢などによって**筋肉がかたくなると**、筋肉の収縮・弛緩がスムーズに行われなくなり**血行不良**につながります。**マッサージ**を取り入れ、**かたくなった表情筋をほぐすことで血行が促進**されます。さらに表情筋の可動域が広がることでより豊かな表情がつくりやすくなったり、顔を柔軟に動かせるようになることで表情筋を鍛えやすくなります。

〈 基本的な顔のマッサージ 〉

マッサージを行うときには、**手のすべりをよくするため、マッサージクリームやオイル**などを使いましょう。基本の動きは、両手で**顔の内側から外側へ、下から上へ**動かします。

① **額の中心から外側**に向けて、**らせん**を描くように指を動かします。

② 鼻筋を下りてきて小鼻は上下に指を動かします。

③ 口まわりは**下唇の中心から上唇へ**円を描くように動かします。

④ 頬は**下から上へらせん**を描くように動かします。

⑤ **上まぶたは目頭から目尻**に、**下まぶたは目尻から目頭**に向かって、円を描くように動かします。**目のまわりの皮膚**はほかの部分よりも**薄く、デリケート**です。力の入りにくい薬指を使いましょう。

07 筋肉・ツボ・リンパ

〈 基本的な頭皮のマッサージ 〉

前頭筋などの表情筋の一部は頭の筋肉も担っています。そのため頭皮が緊張し、かたくなると、それに伴い顔の筋肉にも影響がおよぶといえます。

頭皮マッサージはシワ・たるみの予防だけでなく、**頭皮の血行を改善することで毛髪の健やかな成長を助け、育毛促進効果や白髪の予防・改善効果**が期待できます。頭皮マッサージには6つの方法がありますが、このうち3つの手法を図で説明します。

頭皮マッサージ 6つの手法

軽擦法（けいさつほう）

手のひら・指の腹で頭皮を軽くさする方法

5～6回

5本の指の腹を前頭部に密着させて、側頭部まで**頭皮を軽くすべらせるようにさすります**。頭頂部から後頭部にかけても同様に行います。これを5～6回繰り返します。

揉撚法（じゅうねんほう）

手のひら・指の腹で頭皮をもみほぐす方法

5～6回

5本の指の腹を側頭部の頭皮に密着させて、頭頂部に向かって**円を描くようにもみほぐし**ます。これを5～6回繰り返します。

圧迫法（あっぱくほう）

手のひら・指の腹で圧迫して頭皮に刺激を与える方法

指の腹や手のひらを側頭部や頭頂部に**密着させた状態で手を動かさずに**頭部の中心部に向けて圧迫します。

強擦法（きょうさつほう）

軽擦法よりもやや強めに頭皮をこする方法。5～6回が目安。

叩打法（こうだほう）

指の腹・指先などで軽くたたき、頭皮に刺激を与える方法。

振動法（しんどうほう）

指先や腕全体で頭皮を振動させる方法。5～6回が目安。

どの手法も爪をたてず、指の腹を使って行うのがポイントだよ

指の腹を使いましょう

2 美容に役立つ顔の「ツボ」

東洋医学でコンディションを整えよう

私たちの身体には、**東洋医学に基づいたツボ（経穴）が点在しています**。ツボは**「気・血・水」という身体を巡っている要素の通り道**にあり、刺激により流れが促されると身体の不調が改善するとされています。この**「気・血・水」の流れをスムーズにするのがツボ刺激**です。

07 筋肉・ツボ・リンパ

東洋医学の「気・血・水」とは

東洋医学では「気」は生命活動の源となるエネルギーに、「血」は全身に栄養を与える血液に、「水」は全身にうるおいを与えるリンパ液や汗などの体液に例えられています。「気・血・水」が身体の中をバランスよく順調に巡っている状態を健康と考えます。

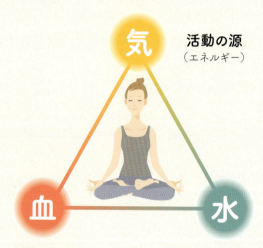

気　活動の源（エネルギー）
血　栄養を与える（血液）
水　うるおいを与える（リンパ液、汗などの血液以外の水分）

顔の主なツボと効能

WHO（世界保健機関）で認定されているツボは361種にものぼります（2024年3月時点）。その中でも特に美容に役立つといわれている顔まわりの主なツボと、ツボへの刺激が効果的な肌悩みを説明します。表情筋のマッサージとともに取り入れるのがおすすめです。

主なツボの位置と関係する肌悩み

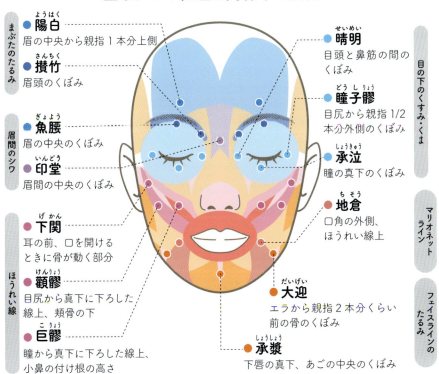

まぶたのたるみ
- 陽白（ようはく）
 眉の中央から親指1本分上側
- 攢竹（さんちく）
 眉頭のくぼみ

眉間のシワ
- 魚腰（ぎょよう）
 眉の中央のくぼみ
- 印堂（いんどう）
 眉間の中央のくぼみ

ほうれい線
- 下関（げかん）
 耳の前、口を開けるときに骨が動く部分
- 顴髎（けんりょう）
 目尻から真下に下ろした線上、頬骨の下
- 巨髎（こりょう）
 瞳から真下に下ろした線上、小鼻の付け根の高さ

目の下のくすみ・くま
- 晴明（せいめい）
 目頭と鼻筋の間のくぼみ
- 瞳子髎（どうしりょう）
 目尻から親指1/2本分外側のくぼみ
- 承泣（しょうきゅう）
 瞳の真下のくぼみ

マリオネットライン
- 地倉（ちそう）
 口角の外側、ほうれい線上

フェイスラインのたるみ
- 大迎（だいげい）
 エラから親指2本分くらい前の骨のくぼみ
- 承漿（しょうしょう）
 下唇の真下、あごの中央のくぼみ

※正中線上以外にあるツボはそれぞれ左右対称の位置にあります

ツボの押し方

ゆったりと呼吸を繰り返しながら行います。**指の腹で3〜5秒かけてゆっくりツボを押し、ゆっくり戻します。**これを5回ほど繰り返します。気持ちいいと感じるくらいの強さが目安です。

3〜5秒かけてゆっくり押して戻しましょう

3 リンパ
巡りのよい身体を目指して

むくみや疲れなどの不調は、**リンパ液の流れの滞り**が原因で起こることもあります。リンパマッサージには、水分によるむくみや老廃物を取り除き、不調を改善する効果があるといわれています。

リンパ管系のしくみ

私たちの身体には血液と同じように網目状につながった**リンパ管**とよばれる管があり、その中を**リンパ液**が流れています。**細胞に必要な酸素や栄養は動脈から届けられ、不要になった二酸化炭素や老廃物、余分な水分などは静脈が約80〜90％回収し、残りの約10〜20％をリンパ管が回収します。**

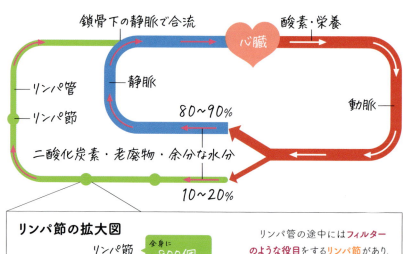

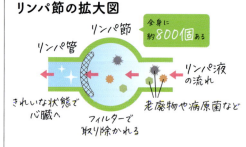

リンパ管の途中には**フィルターのような役目**をする**リンパ節**があり、その数は全身に**約800個**あります。リンパ液はリンパ節を通過するたびに**老廃物や病原菌などが取り除かれ、きれいな状態で最終的に鎖骨の下の静脈角から静脈に合流し心臓へ戻っていきます。**

〈リンパ節が集中する部位とリンパ液の流れ〉

上半身では**鎖骨の下**、**わきの下**、**下半身**では**足の付け根**や**ひざの裏**にリンパ節が集中しています。

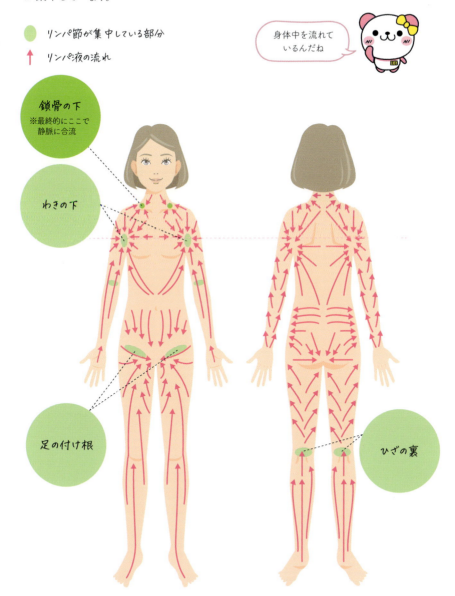

〈リンパ液とむくみの関係〉

血液は**心臓のポンプ作用**と**筋肉による各器官への分配作用**によって全身を**1分**ほどでくまなく巡り速く流れます。**リンパ液**はリンパ管が自動で収縮することによる自動運搬能がわずかにありますが、その動きは非常に遅く、ほとんどは**まわりにある筋肉の動きを利用**してゆっくりと流れます。そのため、身体中を巡り鎖骨まで到達するには**数時間かかる**といわれています。

リンパ液の流れが滞ると、身体にたまった**水分**や**老廃物**が回収されにくくなり、**むくみの原因**になります。

まわりの筋肉の力で流れるリンパ液

身体のむくみをチェック！

自分でチェックできるんだね　やってみよう！

すね
指で押すとへこみ、弾力性がなく、**戻りが悪い**ときはむくんでいます。

足首
締まりがなく、アキレス腱が見えにくくなります。靴下の**跡が消えない**のもむくみのサイン。

07 筋肉・ツボ・リンパ

身体のリンパマッサージ

むくみなどの不調を解消するために、リンパ液の流れを促すリンパマッサージを取り入れてみましょう。

〈 基本的な身体のリンパマッサージ 〉

準備運動

1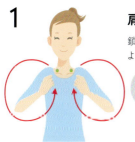

肩回し
鎖骨を大きく動かすように、肩を回します。

前後各4回

2

腹式呼吸
リラックスした状態でおへその下をふくらませるように鼻から深く息を吸い、口からゆっくり息を吐きます。

4回

リンパマッサージ

1

足の付け根に手を密着させて円を描くように動かします。

左右各4回

2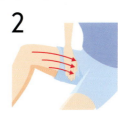

太ももの内側をひざから付け根に向かって流します。はじめは付け根の近くから徐々にひざまで距離を増やします。

左右各4セット

3

ひざ裏を包むように両手を密着させて円を描くように動かします。

左右各4回

4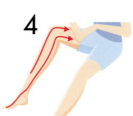

最後に足先から付け根へ足全体のリンパ液を流します。

左右各4回

やさしくなでるようなタッチでリンパ液の流れに沿って流すよ！

201

顔のリンパマッサージ

顔にもリンパ液が流れています。顔を流れるすべてのリンパ液は、首のリンパ節を経由して、最終的に**鎖骨のくぼみの奥にある鎖骨上リンパ節へ流れ、静脈に合流**します。リンパ管がどこに向かって走っているかを知ることで、効果的にリンパ液の流れを整え、むくみを改善することができます。

主な顔のリンパ節

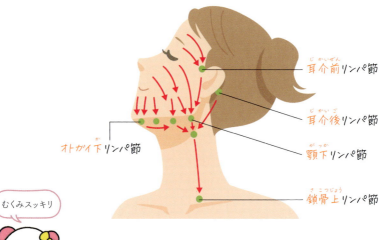

耳介前リンパ節
耳介後リンパ節
オトガイ下リンパ節
顎下リンパ節
鎖骨上リンパ節

むくみスッキリ

ローラーはクリームやオイルなどを塗ってすべりをよくした上で行いましょう

ローラーを使用するときは何も塗らずに長時間使用したり、力の入れすぎなどで摩擦が生じて炎症を起こしてしまっては逆効果。摩擦が起きないようにクリームやオイルなどを塗ってすべりをよくした上で、力を入れず脈拍と同じ程度のテンポを目安に行いましょう。

〈 基本的な顔のリンパマッサージ 〉

顔のリンパマッサージは、**リンパ液の流れに沿って顔の中心から外側へやさしくなでるように流す**のが基本です。身体のリンパマッサージと同じ準備運動をしてから行います（詳しくは本書 P201参照）。

※メーカーやサロンにより方法が異なります

1

頬に**手のひらを広めに密着**させ、鼻から耳の方向へ流します。

4回

2

額に手のひらを広めに密着させ、**額から耳の方向へ**流します。

4回

3

あごの下に親指の腹をあて、**あごのラインに沿って**流します。

4回

4

最後に**耳の後ろから首に沿って鎖骨へ**流します。

1回

"ながらリンパマッサージ"で時間を有効活用

忙しくてマッサージをする時間がないという人は、朝晩のスキンケア時やバスタイムを有効活用してみましょう。スキンケアのクリームを塗るとき、手に泡をとって身体を洗うとき、ボディクリームを塗るときなどに、リンパ液の流れに合わせて伸ばすとマッサージもできて一石二鳥です。

朝晩のスキンケアをしながら

バスタイムに身体を洗いながら

> 2級の次は

文部科学省後援
日本化粧品検定1級
にステップアップ！

化粧品の中身や成分に加え、ボディケア、ヘアケア、ネイルケア、フレグランス、オーラル、化粧品にまつわるルールなど幅広い知識を学びます。

日本化粧品検定1級は、「化粧品の専門家」への登竜門。
自分磨きやキャリアアップなどに役立つ、幅広い化粧品の知識が学べます。

肌悩みに合わせた最適なコスメが選べるようになる
化粧品の種類と特徴を学び、自分の肌悩みに合ったものが選び出せるようになります。

知識を味方に、思い描くキャリアを目指せる
化粧品の知識の幅が広がるだけでなく知識を証明できるため、キャリアアップにつながることも！

安心、信頼できる正しい情報が発信できるようになる
科学的根拠のある情報を得ることで、SNSやWebなどでも信頼される記事が書けるように。

POINT　2級と1級では学ぶことが違います！

2級と1級の併願受験は割引もあっておすすめ！

2級と1級の違いは、難易度ではなく「分野」です。
2級と1級の両方の知識があってこそ、
さまざまなシーンで活躍できる化粧品の専門家が目指せます。

2級　美容皮膚科学

1級　化粧品科学

> 1級対策テキストの
> 中身はこちら！

1級で学べること

化粧品に含まれる原料や、化粧水、乳液、クリームなどの化粧品の種類や特徴、構成成分による機能や使い心地の違いを理解し、化粧品を見分ける知識を学びます。さらに、化粧品にまつわるルールなど幅広い知識を学びます。

Part.01 化粧の歴史

世界と日本の進化を紐解き、『原始化粧』から『近・現代化粧』までを包括的に学びます。

Part.02 化粧品の原料

構成する成分や原料を知り、化粧品の成り立ちを学びます。

Part.03 化粧品の種類と特徴

化粧品のアイテムがどういったものなのかを知るために、化粧品の種類と特徴はもちろん、その中身や成分まで学びます。

スキンケア化粧品　UVケア化粧品　メイクアップ化粧品　ボディケア化粧品
ヘアケア化粧品　ネイル化粧品　フレグランス化粧品　オーラルケア製品　サプリメント

Part.04 化粧品にまつわるルール

化粧品の広告やPRのルールをはじめ、化粧品の表示、品質・安全性に関するルールを学びます。

Part.05 化粧品の官能評価

塗り心地や香り、見た目など、化粧品メーカーで行われている官能評価について学びます。

205

1級対策テキストの内容を覗き見！

化粧品の種類と特徴

検定POINT

基本成分（基剤）

界面活性剤

→ 化粧品を構成する**原料**がわかる！

界面活性剤は、1つの分子内に油になじみやすい部分（親油基または疎水基）と水になじみやすい部分（親水基または疎油基）の両方をもっています。この性質を利用して、**洗浄・乳化・可溶化**（溶けない物質を溶けているような状態にすること）・**浸透・分散**（溶けない物質を均一に散らばせること）などの働きがあります。

界面活性剤ってこんな形

親水基(疎油基)（水と仲良し）
親油基(疎水基)（油と仲良し）

〈 乳化 〉

水と油はお互いなじまないため、混ぜてもそのまま置いておくと2層に分離してしまいます。**乳化**とは、界面活性剤の作用により、油または水を細かい粒子にして他方の中に分散させることで、水と油が分離しないようにしています。ただし、完全に溶解しているわけではありません。

乳化の状態には、牛乳のように水の中に油が分散した状態（**O/W型**）や、反対にバターのような油の中に水が分散した状態（**W/O型**）があります。

O/W型

W/O型

〈 マスカラの中身の処方系と特徴 〉

検定POINT

処方系	特徴
ウォータープルーフタイプ（油系）	**耐水性：◯** 固形の油性成分と液状の揮発性シリコーンオイルなどを配合した油系。塗布後にシリコーンオイルなどが揮発することで固形の油性成分がかたのコーティング膜を形成するため、水や涙、汗に非常に強い。カールキープ力が高く落ちにくいため、専用のリムーバーが必要なものもある
フィルムタイプ（水系皮膜）	**耐水(皮膜)性：△〜◯** 皮膜形成剤を配合したO/W型乳化系。水が蒸発した後、皮膜形成剤がフィルムになりまつ毛をコーティングする。 水や涙、汗、皮脂に強くにじみにくいが、コーティング膜の強度が低いため、油系マスカラに比べると耐水性とカールキープ力が劣る。「お湯で落とせるタイプ」はフィルムコーティングが38〜40℃くらいのお湯でふやけるので手軽に落とせる

〈 マスカラの仕上がりと特徴 〉

タイプ	特徴
ボリュームタイプ	粘度の高い液状や固形の油性成分を中心に、水溶性の増粘剤などを組み合わせたマスカラ液により、まつ毛1本1本に多くの量がつき、**太く（ボリュームアップして）、1〜2mm程度の短い合成繊維**を配合することもある
ロング（繊維入り）タイプ	2〜3mm程度の長い合成繊維（ナイロンやポリエステルなど）が入っており、繊維がまつ毛にからむことで**長さ**を出す。繊維の配合量は通常2〜5％が多い
カールタイプ	**揮発性の油性成分**を配合し、**速乾性**があるため落ちにくく、まつ毛１本１本が速く乾くことで、**カールキープ力**も高い

クレンジング料の種類と特徴

検定POINT

タイプ	主な構成成分	種類(形状)
油性成分で落とす	清浄成分・界面活性剤・油性成分（増粘剤など）・水・水溶性成分（保湿剤）	オイル
		バーム
		(油系)ジェル
	清浄成分・界面活性剤・油性成分・水・水溶性成分（保湿剤・増粘剤など）	クリーム
		ミルク(乳液状)
		(水系)ジェル

→ 化粧品の**種類、中身・成分**からその**特徴**がわかる

→ 水に強い・崩れにくいなどを実現する**工夫**を知る

1級についてもっと知りたい方はこちらから

206

化粧品にまつわるルール

広告やPRでの**要注意表現**がわかる

検定POINT 化粧品の全成分表示 〔薬機法〕

（一般）化粧品は、薬機法により容器や外箱などのパッケージに**全成分**を表示することが義務づけられています。2001年の規制緩和により、製品の製造・販売に対する承認・許可制度が廃止され、事前に販売名称を届け出ることで企業の自己責任において原則自由に製造・販売できるようになったと同時に、消費者が自分で確認し選べるよう「**全成分表示**」が義務づけられました。

〈 全成分表示のルール 〉

成分の名称
・日本化粧品工業会作成の「化粧品の成分表示名称リスト」に収載されている表示名称などを用いて、日本語で記載する

表示の順序
① 着色剤以外のすべての成分を配合量の多い順に記載する
② 配合量が1%以下のものは順不同に記載してもよい
③ 全成分の最後にすべての着色剤を**順不同**に記載する。色展開のあるシリーズのメイクアップ化粧品など、着色剤以外の成分がすべて同じ場合、1色ずつの全成分を記載せず、着色剤以外の全成分の後に「+/−」の記号と、シリーズ製品に配合されるすべての着色剤を表示すればよい

〈全成分表示例〉
タルク,ジメチコン,シリカ,ステアリン酸,(+/−)マイカ,酸化チタン,酸化鉄,合成金雲母 硫酸Ba,コンジョウ,赤226

一般的に、全成分表示では、多く配合されている**基剤**がはじめに、次に**訴求成分**、最後に**着色剤**という順番になります。

基剤 ← 訴求成分 → 着色剤
多　　　　　　　　　少

検定POINT 化粧品のPR表現で、特に気をつけたいもの 〔適正広告ガイドライン〕

（一般）化粧品や薬用化粧品を広告するときの基本は、（一般）化粧品の場合は**効能の範囲**、薬用化粧品の場合は**その製品で承認された個々の効能・効果の範囲**を超えた表現や、「肌トラブルが治る」のような医薬品的な表現をしないことです。

ここでは、薬機法の内容について、より具体的な事例を加えて解説した「**化粧品等の適正広告ガイドライン**」の内容を見てみましょう。
※2020年版参照

※表現は言葉だけでなく、文字の大きさや色使い、イラストなど広告全体で判断されるため、紹介した事例が、いついかなる場合においても問題のない表現であるとは断言できないから注意してね！

1. 成分・原材料

誇大な表現は NG
・「デラックス処方」などは誇大な表現のためNG

不正確な表現は NG
・「各種アミノ酸配合」のように「各種……」「数種……」は、不正確な表現で、誤読されやすいのでNG。ただし、その該当する成分名が具体的に全部明記されている場合は表現できる（以下、可とする）
・「無添加」などの表現を単に表示するのは、何を添加していないかが不明で不正確な表現のためNG。ただし、添加していない成分を明示して、安全性の保証にならなければ可

特定成分の表現は原則 NG
・化粧品において特定の成分を表現することは、あたかもその成分が有効成分であるかのような誤解を生じるためNG。ただし、特定成分に配合目的が合致するならば可。化粧品で成分の配合目的を表示する際、「**肌荒れ改善成分**」「**抗酸化成分**」「**美肌成分**」「**美白成分**」「**エイジングケア成分**」などの表現は、その成分が有効成分であるかのような誤解を与えたり、効能・効果の範囲を超えたりするためNG

パッケージに表示された**情報が読み解ける**

〈 1級の例題にチャレンジ！ 〉

問題

次の空欄（A）にあてはまる語句として、適切なものを選べ。
「（一般）化粧品の全成分表示は配合量が多い順に記載する。ただし、（A）以下の成分は順不同に記載してもよい」

1. 1%　2. 3%　3. 5%　4. 10%

【解答】1

日本化粧品検定最上位資格 特級 コスメコンシェルジュ
を目指せるのは**1級合格者**だけ！
※特級 コスメコンシェルジュの詳細はP208をご覧ください

プロとして活躍できる4つの資格

スキルアップ・キャリアアップにも役立つ資格

日本化粧品検定特級　コスメコンシェルジュ

コスメライター

メイクカラーコンシェルジュ

コスメコンシェルジュインストラクター

4つの資格取得は
オンライン完結◎

Web受講

Web試験

資格取得でなりたいわたしに！

　日本化粧品検定協会では、検定・資格制度を通して、化粧品や美容のスペシャリストを育成しています。定期的に行っている検定試験で取得する日本化粧品検定3級〜1級に加え、さらに知識を深め、活躍の場を広めるための実践的な知識が身につく4つの資格があります。この資格取得はオンラインで受講、受験ができるので、働きながらスキルアップ、キャリアアップを目指せます。

検　定		資　格

プロとして活躍できる4つの資格

検定
日本化粧品検定 1級
日本化粧品検定 2級
日本化粧品検定 準2級
日本化粧品検定 3級

化粧品の専門家を目指すなら
日本化粧品検定特級
コスメコンシェルジュ ※
※日本化粧品検定特級に合格した方には、コスメコンシェルジュ資格を授与します。

美容ライターを目指すなら
コスメライター

カラーアイテム選びを楽しむなら
メイクカラーコンシェルジュ

美容講師業を目指すなら
コスメコンシェルジュインストラクター

> 1級合格者だけが目指せる最上位資格

日本化粧品検定特級
コスメコンシェルジュ®

化粧品の専門家を目指す〜化粧品を提案する力を身につける〜

化粧品の種類ごとの特徴を学ぶことで、肌悩みに合わせた化粧品を選び提案する**「化粧品の専門家」**としてのスキルを身につけられる、日本化粧品検定最上位資格です。

※資格取得には、当協会への入会が必要です

【 特級で身につく5つのこと 】

1
成分から
化粧品を
選び出せる

2
肌悩みから
化粧品を
選び出せるようになる

3
正しい情報を自分の
言葉で伝える提案力・
発信力がつけられる

4
薬機法など
仕事に活かせる
知識を
身につけられる

5
特級資格を活かした
キャリア設計が
描けるようになる

• こんな人におすすめ •

- ☑ 化粧品を自分で選べるようになりたい
- ☑ 化粧品成分のプロになりたい
- ☑ SNSなどで情報を発信したい
- ☑ 接客販売力を上げたい
- ☑ 友人や家族など人にアドバイスができるようになりたい
- ☑ 化粧品・美容業界で今の仕事に活かしたい
- ☑ 就職、転職、副業に活かしたい
- ☑ 仕事でキャリアアップしたい

化粧品の専門家としてさまざまなフィールドで活躍

企業や個人での活動、キャリアアップ、新しい仕事へのチャレンジと
コスメコンシェルジュの活躍フィールド・キャリアパスは多岐に渡っています。

キャリアアップ

インフルエンサー
美容情報を発信し、美容系メディアでも活躍

美容部員
バッジをつけて接客。お客さまからの信頼を得て売り上げアップ

化粧品メーカー営業
化粧品知識がつき商談がスムーズに

ヘアメイク
技術のみでなく知識の専門性が認められ本の出版へ

化粧品開発
JCLA美容通信の内容を活かし企画書作成

個人で活躍 ← さまざまなフィールドで活躍するコスメコンシェルジュ → **企業で活躍**

従業員からオーナー
エステサロン開業。サロン一覧を掲載し、PRサポートを受ける

OLから起業
成分知識を活かしコスメブランドを設立

通販化粧品メーカー
通販カタログにコスメコンシェルジュとして登場。お客さまへ商品を紹介

美容メディアの編集者
就職・転職サポートを利用し憧れの職業へ

美容ライター
安心して任せられる知識があるので執筆依頼が増える

主婦から美容セミナー講師
空いている時間を活用し美容セミナーを主催

キャリアチェンジ

資格の取得方法

1ヵ月の速習カリキュラムで化粧品の専門家へと導きます。
学習も試験もオンライン完結！試験はテキストを見ながら解答できます。

1級合格 → 特級に申込 → 教材が自宅に届く → Web受講（4時間半）→ Web試験 → 合格

1ヵ月

講座の詳細や資格取得の方法はこちらからCHECK!

ベーシックコース（基礎科） アドバンスコース（応用科）

化粧品について"書く"専門家

コスメライター®

化粧品に関する専門的な記事が書けるWebライター

薬機法を含む化粧品の正しい知識を持ち、SEO対策をしながら、発信力のあるライティングスキルを備えていることを認定する資格です。

※資格取得には、日本化粧品検定全級合格が必要です

【 コスメライターで身につく3つのこと 】

1
化粧品に特化した文章の書き方が身につく

2
SEOから法律、ルールまで、Webライティングに必要な知識が身につく

3
美容業界の知識やライターとしての心得が身につく

・こんな人におすすめ・

- ☑ 美容ライターになりたい
- ☑ 発信力のあるSNS投稿をしたい
- ☑ ライターとしてキャリアアップしたい
- ☑ 在宅でできる仕事を始めたい
- ☑ プレスリリースなどで役立つ文章力を高めたい
- ☑ 薬機法の知識をさらに深めたい
- ☑ 副業を始めたい
- ☑ 化粧品の魅力を伝える表現力を身につけたい

資格詳細はこちら

(ベーシックコース (基礎科)) (アドバンスコース (応用科))

メイクアップ化粧品の"色彩を見極める"専門家

メイクカラーコンシェルジュ®

色彩理論・パーソナルカラー理論を理解し メイクアップコスメのカラーを診断・分類ができる専門家

色彩理論やパーソナルカラー理論に加え、コスメの色彩に関する正しい知識を持ち、あらゆるメイクアップコスメのカラーを診断・分類できるスキルを備えていることを認定する資格です。

※資格取得には、当協会への入会が必要です

資格詳細はこちら

化粧品の知識を"教える"専門家

コスメコンシェルジュインストラクター

日本化粧品検定の合格を目指す方を指導できる講師

日本化粧品検定協会認定講師として、スクールの講師、企業での研修、教室やセミナーの開講など、正しい化粧品や美容知識の教育活動を行うことができる資格です。

※資格取得には、日本化粧品検定全級合格が必要です

資格詳細はこちら

索引

※主な化粧品成分は
218 -229ページをごらんください

あ

アイカラー（アイシャドー）	120
アイライナー	123
アイラッシュカーラー	124
青くま（血行不良型）	85
アクネ菌	57-59
アポクリン腺	25,39
アルブチン	75,76
アロマオイル	174
運動	184
栄養バランス（栄養）	155
AHA	58,82
エクリン腺	25,39
SPF	150
NMF	29,33,50,54
エラグ酸	75,76
エラスチン線維	25,34,35,90,142
炎症後色素沈着	78
黄体ホルモン（プロゲステロン）	
	159-161

か

角層	29
過酸化脂質	168
活性酸素	140,141,166-169
カフェイン	183
カモミラ ET	75,76
顆粒層	29
加齢	154
汗腺	39,41
乾燥（肌）	
	27,44,45,50,52,53,89,139
肝斑	78
基質	35
季節と肌	47
基底層	29
基底膜	25,36
筋肉	192
くすみ	81
くま	85,112
黒くま（たるみ型）	86
毛穴	71,110
ゴールデンプロポーション	105
コラーゲン線維	25,35,89-96
混合肌（乾燥型脂性肌）	44,45

214

コンシーラー	103,110-113		セラミド	33
コントロールカラー	100,101,111		線維芽細胞	35

さ

酸化	166-169
サンケア指数	149-152
サンタン	143
サンバーン	143
シェーディング（シャドー）	108,109
紫外線	141
紫外線A波（UV-A）	141,142
紫外線C波（UV-C）	141,142
紫外線B波（UV-B）	141,142
脂性肌	27,44,45
シミ	75,111,142
雀卵斑（そばかす）	78
女性ホルモン	159
自律神経系	164
シワ	89
真皮	24,34
睡眠	171
ストレス	162
ストレッチ	184,185
成長ホルモン	158,171,173
生理	160

た

ターンオーバー	30
代謝不良	156
たるみ	89
たるみ毛穴	72
タンパク質	35,176,180
チークカラー	106
茶くま（色素沈着型）	86
ナロシナーゼ	31,75-77
詰まり毛穴	72,73
頭皮マッサージ	195
トラネキサム酸	75,76

な

内分泌系	165
ニキビ	57,110
ニキビ跡	59
乳頭層	34
入浴	187
寝だめ	175
ノンコメドジェニック化粧品	62
ノンレム睡眠	171

は

ハイライト	108
肌荒れ	47
パフ	104
パンダ目	125
PA	149,152
ピーリング	62,82
日傘	151
皮下組織	24
皮脂腺	38
ビタミンE	87,177,181
ビタミンA	87,177,181
ビタミンC	73,75,76,87,177,181
ビタミンC誘導体	73,75,76,87
皮膚の付属器官	38
日焼け止め	47,148
表情筋	193
表皮	24,28-31
開き毛穴	72
ファンデーション	101,102
フェイスパウダー	104
普通肌	27,44,45
ブラシ	104
フリーラジカル	167

ベースメイクアップ	100
ポイントメイクアップ	116
ホルモン	157

ま

マスカラ	124
まつ毛	125
眉	116
むくみ	200
無酸素運動	184
メラニン（色素）	31,75
メラノサイト（色素形成細胞）	31,75
免疫系	165
毛幹	38
毛孔	26
毛根	38
網状層	34
毛包	38

や

有棘層	29
有酸素運動	184
4MSK	75,77

ら

卵胞ホルモン（エストロゲン）
159-161

立毛筋（起毛筋）　38

リンパ　198

ルシノール　75,77

レム睡眠　171

老人性色素斑　78

参考資料 主な化粧品成分

参考にしよう！

この本に掲載されている主な化粧品成分を中心に表にまとめました。成分名だけでなく、主な配合目的や由来も記載してありますので、わからない成分が出てきたら、この表を参考にしてください。

※表示名称は日本化粧品成分表示名称事典を参照しています
※一般化粧品の表示名称を記載しています。医薬部外品の表示名称と異なるものもあります

〈 水溶性成分 〉

分類	表示名称	慣用名または別名など	主な配合目的	主な由来または製法
水	水	精製水	基剤	水道水など
	ダマスクバラ花水	ローズ水	基剤。皮膚をしっとりさせる。香りづけにも使用される	植物
	センチフォリアバラ花水			
	温泉水	—	基剤。皮膚をしっとりさせる	温泉
エタノール	エタノール	エチルアルコール、アルコール	清涼感・浸透感を与える。肌を引き締める。防腐助剤（静菌）	合成、発酵
保湿剤	BG	1,3-ブチレングリコール	基剤。保湿。防腐助剤（静菌）	植物、合成
	グリセリン	—	基剤。保湿	植物、合成
増粘剤	カルボマー	カルボキシビニルポリマー	増粘。乳化の安定化や感触調整	合成

※各成分の主な配合目的は、一例です
※水やエタノール、保湿剤の一部は植物成分の抽出溶媒として使われることもあります

〈 油性成分 〉

分類	表示名称	慣用名または別名など	主な配合目的	主な由来または製法
炭化水素	スクワラン	—	基剤。エモリエント 肌になじみやすくクリームや乳液に使用	魚類（鮫肝油）、植物、合成
	ミネラルオイル	流動パラフィン、鉱物油	基剤。エモリエント さらっとした使用感でクリームや乳液に使用	石油
	パラフィン	パラフィンワックス	基剤。クリームや口紅の硬さ調整	石油
	リセリン	—	基剤。エモリエント 皮膚表面からの水分蒸発を防ぐ。皮膚の保護	石油
高級アルコール	セタノール	セチルアルコール	基剤。乳化安定補助。クリームや乳液に使用	植物、動物
	ステアリルアルコール	—	基剤。乳化安定補助。クリームや乳液に使用	植物、動物
	セテアリルアルコール	セトステアリルアルコール	基剤。乳化安定補助。クリームや乳液に使用	植物、動物
	ベヘニルアルコール	—	基剤。乳化安定補助。クリームや乳液に使用	植物、動物
	イソステアリルアルコール	—	基剤。エモリエント	植物、動物
高級脂肪酸	ラウリン酸	—	石けん基剤（洗浄剤の泡立ち）乳化（アルカリ成分との共存でクリームの硬さ調整）	動物、植物

210

分類	表示名称	慣用名または別名など	主な配合目的	主な由来または製法
高級脂肪酸	ミリスチン酸	—	石けん基剤（洗浄剤の泡立ち）乳化（アルカリ成分との共存でクリームの硬さ調整）	動物、植物
	パルミチン酸	—	石けん基剤（洗浄剤の泡立ち）乳化（アルカリ成分との共存でクリームの硬さ調整）	動物、植物
	ステアリン酸	—	石けん基剤（洗浄剤の泡立ち）乳化（アルカリ成分との共存でクリームの硬さ調整）	動物、植物
	イソステアリン酸	—	基剤。エモリエント	動物、植物
油脂	オリーブ果実油	オリーブ油	エモリエント。オイルやクリームに使用	植物
	ツバキ種子油	ツバキ油	エモリエント。古くから毛髪用として使用	植物
	水添ヒマシ油	—	基剤。ポイントメイクアップ化粧品の硬さ調整	植物
	マカデミア種子油	マカデミアナッツ油	エモリエント。感触調整	植物
	カカオ脂	カカオバター	エモリエント。感触調整	植物
	シア脂	シアバター	エモリエント。感触調整	植物
ロウ類（ワックス）	カルナウバロウ	カルナウバワックス	ポイントメイクアップ化粧品の硬さ調整	植物
	キャンデリラロウ	キャンデリラワックス	ポイントメイクアップ化粧品の硬さ調整	植物
	ホホバ種子油	ホホバ油	エモリエント。感触調整	植物
	ミツロウ	ビーズワックス、サラシミツロウ	エモリエント。ポイントメイクアップ化粧品の硬さ調整	ハチの巣
	ラノリン	精製ラノリン	エモリエント。ポイントメイクアップ化粧品の硬さ調整	動物（羊毛）
エステル油	エチルヘキサン酸セチル	—	基剤。エモリエント 粘度が低くさっぱり感のある油。クレンジング料に使用	合成
	トリ（カプリル酸/カプリン酸）グリセリル	—	基剤。エモリエント ベタつき感が少なくさらっとした使用感	合成
	ミリスチン酸イソプロピル	—	基剤。エモリエント。ファンデーションや口紅に使用	合成
	リンゴ酸ジイソステアリル	—	基剤。エモリエント。メイクアップ化粧品に使用	合成
シリコーン	シクロペンタシロキサン	環状シリコーン	感触調整、揮発性がある。さらっとした使用感	合成
	ジメチコン	シリコーンオイル、メチルポリシロキサン	感触調整、低粘度から高粘度までさまざまある 撥水性を与える。さらっとした使用感	合成

※各成分の主な配合目的は、一例です

〈 紫外線カット剤 〉

分類	表示名称	慣用名または別名など	主な配合目的	主な由来または製法
紫外線吸収剤	オクトクリレン	—	UV-B吸収による紫外線防御	合成
	ポリシリコーン-15	—	UV-B吸収による紫外線防御	合成
	メトキシケイヒ酸エチルヘキシル	パラメトキシケイ皮酸2-エチルヘキシル	UV-B吸収による紫外線防御	合成
	ジエチルアミノヒドロキシベンゾイル安息香酸ヘキシル	2-[4-（ジエチルアミノ）-2-ヒドロキシベンゾイル]安息香酸ヘキシルエステル	UV-A吸収による紫外線防御	合成
	t-ブチルメトキシジベンゾイルメタン	4-tert-ブチル-4'-メトキシジベンゾイルメタン	UV-A吸収による紫外線防御	合成
	ビスエチルヘキシルオキシフェノールメトキシフェニルトリアジン	—	UV-A＋UV-B吸収による紫外線防御	合成
	メチレンビスベンゾトリアゾリルテトラメチルブチルフェノール	—	UV-A＋UV-B吸収による紫外線防御	合成
紫外線散乱剤	酸化チタン	微粒子酸化チタン	UV-A＋UV-B散乱による紫外線防御	鉱物、合成
	酸化亜鉛	微粒子酸化亜鉛	UV-A＋UV-B散乱による紫外線防御	鉱物、合成

※各成分の主な配合目的は、一例です

219

《 防腐剤・酸化防止剤 》

分類	表示名称	慣用名または別名など	主な配合目的	主な由来または製法
防腐剤	安息香酸Na	安息香酸ナトリウム	防腐	植物、合成
	メチルパラベン	パラベン、パラオキシ安息香酸メチル	防腐	合成
	エチルパラベン	パラベン、パラオキシ安息香酸エチル	防腐	合成
	プロピルパラベン	パラベン、パラオキシ安息香酸プロピル	防腐	合成
	ブチルパラベン	パラベン、パラオキシ安息香酸ブチル	防腐	合成
	フェノキシエタノール	―	防腐	合成
	ベンザルコニウムクロリド	塩化ベンザルコニウム	防腐。帯電防止	合成
	o-シメン-5-オール	イソプロピルメチルフェノール	防腐	合成
	ヒノキチオール	―	防腐	植物
酸化防止剤	トコフェロール	天然ビタミンE、dl-α-トコフェロール	製品の酸化防止	植物、合成
	β-カロチン	β-カロテン	製品の酸化防止。着色	合成
	BHA	ブチルヒドロキシアニソール	製品の酸化防止	合成
	BHT	ジブチルヒドロキシトルエン	製品の酸化防止	合成

※各成分の主な配合目的は、一例です

《 訴求成分 》

乾燥対策

部※1	表示名称※2	慣用名または別名など	主な作用※3		主な由来または製法
			保湿	エモリエント	
●	米エキスNo.11	ライスパワー®No.11※4	皮膚水分保持能の改善 頭皮水分保持能の改善		発酵
―	PCA PCA-Na	ピロリドンカルボン酸 ピロリドンカルボン酸ナトリウム	○		合成
―	ヒアルロン酸Na	―	○		微生物の産生物、鳥類(ニワトリのトサカ)
―	アセチルヒアルロン酸Na	―	○		微生物の産生物
―	コンドロイチン硫酸Na	―	○		魚類
―	グルタミン酸Na	L-グルタミン酸ナトリウム	○		発酵(昆布)
―	セリン、グリシン、ヒドロキシプロリンなど	アミノ酸	○		合成、発酵、天然
―	ポリグルタミン酸		○		発酵
―	トレハロース	トレハロース液	○		発酵(でんぷん)
―	ベタイン	トリメチルグリシン	○		植物、合成
―	水溶性コラーゲン	コラーゲン	○		動物、魚類、鳥類
―	ヘパリン類似物質※5	―	○		合成(豚由来)
―	セラミドEOP(セラミド1)、セラミドNP(セラミド3)など	セラミド		○	発酵

部※1	表示名称※2	慣用名または別名など	主な作用※3 保湿	主な作用※3 エモリエント	主な由来または製法
−	レシチン	−		○	植物、卵黄
−	スフィンゴ脂質	−		○	動物
−	コレステロール	−		○	植物、動物、魚類
−	ラウロイルグルタミン酸ジ（フィトステリル/オクチルドデシル）	−		○	合成
−	スクワラン	−		○	魚類（鮫肝油）、植物、合成
−	ホホバ種子油	ホホバ油		○	植物
−	ワセリン	−		○	石油

※1 乾燥対策の医薬部外品の有効成分として配合される成分に●をつけています
※2 医薬部外品の有効成分となりうる成分で●がついているものは、表示名称に医薬部外品表示名称を記載しています
※3 乾燥対策としての主な作用に○をつけています
※4 ライスパワーは勇心酒造株式会社の登録商標です
※5 ヘパリン類似物質は医薬部外品だけではなく、医薬品の有効成分としても使用されています

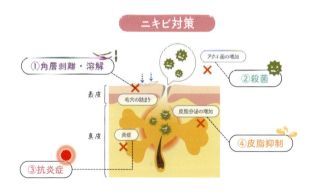

部※1	表示名称※2	慣用名または別名	主な作用※3 ①角層剥離・溶解	②殺菌	③抗炎症	④皮脂抑制	その他	主な由来または製法
●	サリチル酸	−	○	○	○			合成、植物
●	イオウ	−	○	○				鉱物
●	レゾルシン	−	○	○				合成
●	イソプロピルメチルフェノール	IPMP		○				合成
●	塩化ベンザルコニウム	−		○				合成
●	グリチルリチン酸ジカリウム	グリチルリチン酸2K			○			植物
●	アラントイン	−			○			合成
●	塩酸ピリドキシン	ビタミンB₆				○		合成

221

部[1]	表示名称[2]	慣用名または別名など	主な作用[3] ① 角層剥離・溶解	② 殺菌	③ 抗炎症	④ 皮脂抑制	その他	主な由来または製法
●	エストラジオール、エチニルエストラジオール など	エストラジオール誘導体				○		合成
−	グリコール酸	AHA	○					合成
−	アスコルビン酸	ビタミンC			○		○ 抗酸化	合成

※1「ニキビを防ぐ」医薬部外品の有効成分として配合される成分に●をつけています
※2 医薬部外品の有効成分となりうる成分で●がついているものは、表示名称に医薬部外品表示名称を記載しています
※3 ニキビ対策としての主な作用に○をつけています

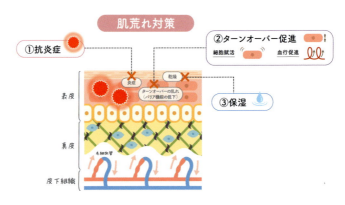

部[1]	表示名称[2]	慣用名または別名など	主な作用[3] ① 抗炎症	②ターンオーバー促進 ②-1 細胞賦活	②-2 血行促進	③ 保湿	主な由来または製法
●	グリチルリチン酸ジカリウム	グリチルリチン酸2K	○				植物
●	グリチルレチン酸ステアリル	−	○				植物
●	トラネキサム酸	−	○				合成
●	ヘパリン類似物質	−	○		○	○	合成
●	アラントイン	−	○	○			合成
●	D-パントテニルアルコール	パンテノール	○	○			合成
●	dl-α-トコフェリルリン酸ナトリウム	VEP-M、ビタミンE誘導体	○				合成
●	ニコチン酸アミド、ナイアシンアミド	−		○	○		合成
●	酢酸DL-α-トコフェロール	酢酸トコフェロール、ビタミンE誘導体			○		合成
●	尿素	−				○	合成

部[1]	表示名称[2]	慣用名または別名など	主な作用[3]					主な由来または製法
			①抗炎症	②ターンオーバー促進			③保湿	
				②-1細胞賦活	②-2血行促進			
●	米エキスNo.11	ライスパワー®No.11[4]					●皮膚水分保持能の改善、頭皮水分保持能の改善	発酵
−	グアイアズレン	−	○					植物

※1 「肌荒れ、荒れ性を防ぐ」医薬部外品の有効成分として配合される成分に●をつけています
　　（米エキスNo.11は「水分保持能の改善」「頭皮水分保持能の改善」の医薬部外品の有効成分）
※2 医薬部外品の有効成分となりうる成分で●がついているものは、表示名称に医薬部外品表示名称を記載しています
※3 肌荒れ対策としての主な作用に○をつけています
※4 ライスパワーは勇心酒造株式会社の登録商標です

毛穴対策

部[1]	表示名称	慣用名または別名など	主な作用[2]					主な由来または製法
			皮脂抑制	角層剥離・溶解	細胞賦活	抗酸化	その他	
−	米エキスNo.6	ライスパワー®No.6[3]	●[4]					発酵
−	★シミ対策参照	ビタミンC誘導体	○					合成
−	ジペプチド-15	グリシルグリシン					○細胞内のイオンバランスを整え、不飽和脂肪酸による肌への影響を防ぐ	合成
−	パパイン	−		○				植物、合成
−	プロテアーゼ	蛋白分解酵素		○				植物、合成
−	リパーゼ	−		角栓溶解				合成
−	レチノール	ビタミンA			○			合成
−	ユビキノン	コエンザイムQ10			○	○		合成

※1 毛穴に対する効能効果が認められた医薬部外品の有効成分はありません
※2 毛穴対策としての主な作用に○をつけています
※3 ライスパワーは勇心酒造株式会社の登録商標です
※4 米エキスNo.6は「皮脂分泌を抑制する」医薬部外品の有効成分

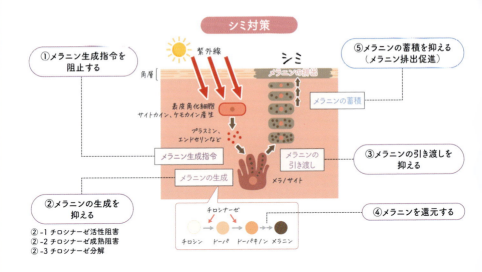

シミ対策

① メラニン生成指令を阻止する

② メラニンの生成を抑える
② -1 チロシナーゼ活性阻害
② -2 チロシナーゼ成熟阻害
② -3 チロシナーゼ分解

③ メラニンの引き渡しを抑える

④ メラニンを還元する

⑤ メラニンの蓄積を抑える（メラニン排出促進）

部[※1]		表示名称[※2]	慣用名または別名など	主な作用[※3] ① メラニン生成指令阻止	②-1 チロシナーゼ活性阻害	②-2 チロシナーゼ成熟阻害	②-3 チロシナーゼ分解	③ メラニン引き渡し抑制	④ メラニン還元	⑤ メラニン蓄積抑制（排出促進）	主な由来または製法
メラニンの生成を抑え、シミ・そばかすを防ぐ	●	トラネキサム酸	—	○							合成
	●	カモミラET	—	○							植物（ジャーマンカモミール）
	●	トラネキサム酸セチル塩酸塩	TXC	○							合成
	●	グリチルレチン酸ステアリルSW	—	○							合成
	● 水溶性	アスコルビン酸	ビタミンC		○				○		合成
	●	L-アスコルビン酸2-グルコシド	ビタミンC誘導体、AA2G		○				○		合成
	●	リン酸L-アスコルビルマグネシウム	ビタミンC誘導体、VC-PMG、APM		○				○		合成
	●	L-アスコルビン酸リン酸エステルナトリウム	ビタミンC誘導体、VC-PNA、APS		○				○		合成
	●	3-O-エチルアスコルビン酸	ビタミンC誘導体、VCエチル		○				○		合成
	—	グリセリルアスコルビン酸	ビタミンC誘導体、VC-2G		○				○		合成
	● 脂溶性	テトラ2-ヘキシルデカン酸アスコルビル	ビタミンC誘導体、VC-IP		○				○		合成
	—	ジパルミチン酸アスコルビル	ビタミンC誘導体、ビタミンCパルミテート		○				○		合成
	— 水溶性+脂溶性	パルミチン酸アスコルビルリン酸3Na	ビタミンC誘導体、APPS		○				○		合成
	—	カプリリル2-グリセリルアスコルビン酸	ビタミンC誘導体、GO-VC		○				○		合成

部※1		表示名称※2	慣用名または別名など	主な作用※3							主な由来または製法
				① メラニン生成指令阻止	②メラニンの生成を抑える			③ メラニン引き渡し抑制	④ メラニン還元	⑤ メラニン蓄積抑制(排出促進)	
					②-1 チロシナーゼ活性阻害	②-2 チロシナーゼ成熟阻害	②-3 チロシナーゼ分解				
メラニンの生成を抑え、シミ・そばかすを防ぐ	●	アルブチン	β-アルブチン		○						合成(植物)
	●	コウジ酸	—		○						発酵
	●	エラグ酸	—		○						植物(タラの鞘)
	●	4-n-ブチルレゾルシン	ルシノール		○						植物(もみの木)
	●	4-メトキシサリチル酸カリウム塩	4MSK		○						合成
	●	5,5'-ジプロピル-ビフェニル-2,2'-ジオール	マグノリグナン			○					合成
	●	リノール酸S	リノール酸				○				植物
	●	ナイアシンアミド、ニコチン酸アミド	D-メラノ™					○			合成
メラニンの蓄積を抑え、シミ・そばかすを防ぐ	●	デクスパンテノールW	PCE-DP、m-ピクセノール							○	合成
	●	アデノシン一リン酸二ナトリウムOT	エナジーシグナルAMP							○	天然酵母
—		ハイドロキノン			○						合成

※1「メラニンの生成を抑え、シミ・そばかすを防ぐ」または「メラニンの蓄積を抑え、シミ・そばかすを防ぐ」医薬部外品の有効成分として配合される成分に●をつけています

※2 医薬部外品の有効成分となりうる成分で●がついているものは、表示名称に医薬部外品表示名称を記載しています

※3 シミ対策としての主な作用に○をつけています

くすみ対策

部※1	表示名称	慣用名または別名など	主な作用※2						主な由来または製法
			角質除去	保湿	血行促進	抗糖化	抗酸化※3	美白※4	
—	乳酸	AHA	○						発酵、合成
—	リンゴ酸	AHA	○						発酵、合成
—	パパイン	—	○						植物、合成
—	プロテアーゼ	蛋白質分解酵素	○						植物、合成
—	セラミドEOP(セラミド1)、セラミドNP(セラミド3)など	セラミド		○ エモリエント					発酵
—	ヒアルロン酸Na	ヒアルロン酸		○					微生物の産生物、鳥類(ニワトリのトサカ)
—	水溶性コラーゲン	コラーゲン		○					動物、魚類
—	セリン、プロリン、ヒドロキシプロリンなど	アミノ酸		○					発酵
—	トウガラシ果実エキス	—			○				植物
—	酢酸トコフェロール	ビタミンE誘導体			○		○		合成
—	二酸化炭素(ガスとして)	—			○				合成
—	ゲットウ葉エキス	—				○			植物
—	ドクダミエキス	—				○			植物
—	ウメ果実エキス	—				○			植物
—	レンゲソウエキス	—				○			植物
—	フラーレン	—					○		合成
—	アスタキサンチン	—					○		甲殻類

部[1]	表示名称	慣用名または別名など	主な作用[2]						主な由来または製法
			角質除去	保湿	血行促進	抗糖化	抗酸化[3]	美白[4]	
−	★シミ対策参照	ビタミンC誘導体						○[4]	合成
−	レチノール	ビタミンA	○ ターンオーバー促進						合成

※1 くすみに対する効能効果が認められた医薬部外品の有効成分はありません
※2 くすみ対策としての主な作用に○をつけています
※3 抗酸化：くすみの原因となるカルボニル化を防ぐことが期待できます
※4 美白：「メラニンの生成を抑え、シミ・そばかすを防ぐ」医薬部外品の有効成分

くま対策

部[1]	表示名称	慣用名または別名など	主な作用[2]				主な由来または製法
			美白[3]	抗炎症	血行促進	細胞賦活	
−	トラネキサム酸	−	○[3]				合成
−	カモミラET	−	○[3]	○			植物（カモミール）
−	★シミ対策参照	ビタミンC誘導体	○[3]			○	合成
−	カフェイン	−			○		合成
−	酢酸トコフェロール	ビタミンE誘導体			○		合成
−	トウガラシ果実エキス	−			○		植物
−	ショウガ根茎エキス	ショウキョウチンキ			○		植物
−	レチノール	ビタミンA				○	合成
−	ナイアシンアミド、ニコチン酸アミド	ビタミンB₃	○[3]			○	合成
−	加水分解コラーゲン	−				○	動物、魚類
−	ヒト幹細胞順化培養液 など	−				○	培養

※1 くまに対する効能効果が認められた医薬部外品の有効成分はありません
※2 くま対策としての主な作用に○をつけています
※3 美白：「メラニンの生成を抑え、シミ・そばかすを防ぐ」医薬部外品の有効成分

シワ対策

④保湿機能を担う成分の産生を促進する
⑤ターンオーバーを促進する
⑥基底膜のコラーゲンの分解を防ぐ
①好中球エラスターゼの働きを抑える
②コラーゲン線維の産生を促進する
③ヒアルロン酸の産生を促進する

部[1]	表示名称[2]	慣用名または別名など	主な作用[3] 真皮 ① 好中球エラスターゼ抑制	② コラーゲン線維産生促進	③ ヒアルロン酸産生促進	表皮 ④ 保湿機能を担う成分の産生促進	⑤ ターンオーバー促進	基底膜 ⑥ コラーゲン分解抑制	保湿	細胞賦活	その他	主な由来または製法
●	三フッ化イソプロピルオキソプロピルアミノカルボニルピロリジンカルボニルメチルプロピルアミノ／カルボニルベンゾイルアミノ酢酸Na	ニールワン	○（コラーゲン線維、エラスチン線維分解抑制）									合成
●	レチノール	純粋レチノール		○	○	○ 表皮ヒアルロン酸産生促進	○					合成
●	ナイアシンアミド	ナイアシンアミド				○ セラミド産生促進						合成
●	dl-α-トコフェリルリン酸ナトリウムM	VEP-M、ビタミンE誘導体				○ 表皮ヒアルロン酸、セラミド産生促進						合成
●	ライスパワーNo.11＋			○		○ 表皮ヒアルロン酸、セラミド、NMF産生促進		○				発酵
−	スクワラン	−							○ エモリエント			魚類（鮫肝油）、植物、合成
−	ワセリン	−							○ エモリエント			石油
−	セラミドEOP（セラミド1）、セラミドNP（セラミド3）など	セラミド							○ エモリエント			発酵
−	★シミ対策参照	ビタミンC誘導体		○							○ コラーゲン線維産生促進	合成
−	加水分解コラーゲン	コラーゲン						○				動物、魚類、発酵
−	ヒト幹細胞順化培養液 など	−								○		培養
−	ジ酢酸ジペプチドジアミノブチロイルベンジルアミド	シンエイク									○ シワ弛緩	合成
−	アセチルヘキサペプチド-8	アルジルリン									○ シワ弛緩	合成
−	加水分解オクラ種子エキス	−									○ シワ弛緩	植物

※1「シワを改善する」医薬部外品の有効成分として配合される成分に●をつけています

※2 医薬部外品の有効成分となりうる成分で●がついているものは、表示名称に医薬部外品表示名称を記載しています

※3 シワ・たるみ対策としての主な作用に○をつけています

抗酸化成分

部中	表示名称	慣用名または別名など	主な作用 抗酸化	主な作用 その他	主な由来または製法
－	★シミ対策参照	ビタミンC、ビタミンC誘導体	○	○ 美白	合成
－	酢酸トコフェロール	ビタミンE誘導体	○	○ 血行促進	合成
－	コエンザイムQ10	CoQ10、ユビキノン	○		発酵、合成
－	アスタキサンチン	－	○		甲殻類
－	チオクト酸	α-リポ酸	○		植物
－	フラーレン	－	○		合成

※ 抗酸化として効能効果が認められた医薬部外品の有効成分はありません

〈 旧表示指定成分（化粧品）〉

分類	医薬品医療機器等法による成分名
防腐剤	安息香酸及びその塩類、イクタモール、イソプロピルメチルフェノール、ウンデシレン酸及びその塩類、ウンデシレン酸モノエタノールアミド、塩酸アルキルジアミノエチルグリシン、塩酸クロルヘキシジン、オルトフェニルフェノール、グルコン酸クロルヘキシジン、クレゾール、クロラミンT、クロルキシレノール、クロルクレゾール、クロルフェネシン、クロロブタノール、5-クロロ-2-メチル-4-イソチアゾリン-3-オン、サリチル酸及びその塩類、1,3-ジメチロール-5,5-ジメチルヒダントイン、臭化アルキルイソキノリニウム、臭化セチルトリメチルアンモニウム、臭化ドミフェン、ソルビン酸及びその塩類、チモール、チラム、デヒドロ酢酸及びその塩類、トリクロサン、トリクロロカルバニリド、パラオキシ安息香酸エステル、パラクロルフェノール、ハロカルバン、ピロガロール、フェノール、ヘキサクロロフェン、2-メチル-4-イソチアゾリン-3-オン、N,N″-メチレンビス[N′-(3-ヒドロキシメチル-2,5-ジオキソ-4-イミダゾリジニル)ウレア]（別名：イミダゾリジニルウレア）、レゾルシン
界面活性剤（帯電防止剤、殺菌剤）	塩化アルキルトリメチルアンモニウム、塩化ジステアリルジメチルアンモニウム、塩化ステアリルジメチルベンジルアンモニウム、塩化ステアリルトリメチルアンモニウム、塩化セチルトリメチルアンモニウム、塩化セチルピリジニウム、塩化ベンザルコニウム、塩化ベンゼトニウム、塩化ラウリルトリメチルアンモニウム
界面活性剤（乳化剤）	酢酸ポリオキシエチレンラノリンアルコール、セチル硫酸ナトリウム、ポリオキシエチレンラノリン、ポリオキシエチレンラノリンアルコール
界面活性剤（洗浄剤）	直鎖型アルキルベンゼンスルホン酸ナトリウム、ポリオキシエチレンラウリルエーテル硫酸塩類、ラウリル硫酸塩類、ラウロイルサルコシンナトリウム
毛根刺激	塩酸ジフェンヒドラミン、カンタリスチンキ、ショウキョウチンキ、トウガラシチンキ、ニコチン酸ベンジル、ノニル酸バニリルアミド
保湿剤	プロピレングリコール、ポリエチレングリコール（平均分子量が600以下の物）
皮膜形成剤	セラック、天然ゴムラテックス
粘着剤、皮膜形成剤	ロジン
香料の溶剤	ベンジルアルコール
中和剤	ジイソプロパノールアミン、ジエタノールアミン、トリイソプロパノールアミン、トリエタノールアミン
増粘剤	トラガント
抗炎症	グアイアズレン、グアイアズレンスルホン酸ナトリウム
収れん剤	パラフェノールスルホン酸亜鉛
紫外線吸収剤・安定化剤	オキシベンゾン、サリチル酸フェニル、シノキサート、パラアミノ安息香酸エステル、2-(2-ヒドロキシ-5-メチルフェニル)ベンゾトリアゾール
酵素類	塩化リゾチーム
酸化防止剤など	酢酸dl-α-トコフェロール
酸化防止剤	カテコール、ジブチルヒドロキシトルエン、dl-α-トコフェロール、ブチルヒドロキシアニソール、没食子酸プロピル
キレート剤	エデト酸及びその塩類
基剤（乳化安定）	ステアリルアルコール、セタノール
基剤（エモリエント剤）	酢酸ラノリン、酢酸ラノリンアルコール、セテステアリルアルコール、ミリスチン酸イソプロピル、ラノリン、液状ラノリン、還元ラノリン、硬質ラノリン、ラノリンアルコール、水素添加ラノリンアルコール、ラノリン脂肪酸イソプロピル、ラノリン脂肪酸ポリエチレングリコール
着色剤	医薬品等に使用することができるタール色素を定める省令（昭和41年厚生省令第30号）に掲げるタール色素
ホルモン	ホルモン
着香剤	香料

〈 表示指定成分（医薬部外品）〉

分類	医薬品医療機器等法による成分名
防腐剤	安息香酸及びその塩類、ウンデシレン酸及びその塩類、ウンデシレン酸モノエタノールアミド、5-クロロ-2-メチル-4-イソチアゾリン-3-オン、ソルビン酸及びその塩類、デヒドロ酢酸及びその塩類、パラアミノ安息香酸エステル、パラオキシ安息香酸エステル、N・N"-メチレンビス［N'-（3-ヒドロキシメチル-2・5-ジオキソ-4-イミダゾリジニル）ウレア］（別名イミダゾリジニルウレア）
殺菌・防腐剤	イクタモール、イソプロピルメチルフェノール、塩化セチルピリジニウム、塩化ベンザルコニウム、塩化ベンゼトニウム、塩化アルキルジアミノエチルグリシン、塩酸クロルヘキシジン、グルコン酸クロルヘキシジン、クレゾール、クロラミンT、クロルキシレノール、クロルクレゾール、クロルフェネシン、クロロブタノール、サリチル酸及びその塩類、1・3-ジメチロール-5・5-ジメチルヒダントイン（別名DMDMヒダントイン）、臭化アルキルイソキノリニウム、臭化ドミフェン、トリクロサン、トリクロロカルバニリド、チモール、チラム、パラアミノフェニルスルファミン酸、パラアミノフェノール及びその硫酸塩、パラクロルフェノール、ハロカルバン、フェノール、ヘキサクロロフェン、2-メチル-4-イソチアゾリン-3-オン、レゾルシン
殺菌剤・抗炎症	サリチル酸フェニル
界面活性剤（帯電防止剤）	塩化アルキルトリメチルアンモニウム、塩化ジステアリルジメチルアンモニウム、塩化ステアリルジメチルベンジルアンモニウム、塩化ステアリルトリメチルアンモニウム、塩化セチルトリメチルアンモニウム、臭化セチルトリメチルアンモニウム
界面活性剤（乳化剤）	塩化ラウリルトリメチルアンモニウム、酢酸ポリオキシエチレンラノリンアルコール、セチル硫酸ナトリウム、ポリオキシエチレンラノリン、ポリオキシエチレンラノリンアルコール、ラノリン脂肪酸ポリエチレングリコール
界面活性剤（洗浄剤）	直鎖型アルキルベンゼンスルホン酸ナトリウム、ポリオキシエチレンラウリルエーテル硫酸塩類、ラウリル硫酸塩類、ラウロイルサルコシンナトリウム
育毛成分など	塩酸ジフェンヒドラミン、カンタリスチンキ、ショウキョウチンキ、トウガラシチンキ、ニコチン酸ベンジル、ノニル酸バニリルアミド
染毛成分	2-アミノ-4-ニトロフェノール、2-アミノ-5-ニトロフェノール及びその硫酸塩、1-アミノ-4-メチルアミノアントラキノン、3・3'-イミノジフェノール、塩酸2・4-ジアミノフェノキシエタノール、塩酸2・4-ジアミノフェノール、オルトアミノフェノール及びその硫酸塩、オルトフェニルフェノール、カテコール、1・4-ジアミノアントラキノン、2・6-ジアミノピリジン、ジフェニルアミン、トルエン-2・5-ジアミン及びその塩類、トルエン-3・4-ジアミン、パラフェニレンジアミン及びその塩類、パラアミノフェノール、クレゾール、パラトルイレンジアミン及びその硫酸塩、パラフェニレンジアミン及びその硫酸塩、パラメチルアミノフェノール及びその硫酸塩、ピクラミン酸及びそのナトリウム塩、N・N'-ビス（4-アミノフェニル）-2・5-ジアミノ-1・4-キノンジイミン（別名バンドロウネキーペース）、5-（2-ヒドロキシエチルアミノ）-2-メチルフェノール、2-ヒドロキシ-5-ニトロ-2・4-ジアミノアゾベンゼン-5-スルホン酸ナトリウム（別名クロムブラウンRH）、ピロガロール、N-フェニルパラフェニレンジアミン及びその塩類、メタアミノフェノール、メタフェニレンジアミン及びその塩類、硫酸ツゲー［（4-アミノフェニル）イミノ］ビスエタノール、硫酸オルトクロルパラフェニレンジアミン、硫酸4・4'-ジアミノジフェニルアミン、硫酸パラトロメタフェニレンジアミン、硫酸メタアミノフェノール、N・N'-ビス（2・5-ジアミノフェニル）ベンゾキノンジイミド
保湿剤	プロピレングリコール、ポリエチレングリコール（平均分子量600以下のものに限る。）
皮膜形成剤	天然ゴムラテックス
結合剤・皮膜形成剤	ロジン
溶剤	ベンジルアルコール
アルカリ剤	ジイソプロパノールアミン、ジエタノールアミン、トリイソプロパノールアミン、トリエタノールアミン、モノエタノールアミン
増粘剤	トラガント
抗炎症	グアイアズレン、グアイアズレンスルホン酸ナトリウム
肌荒れ防止成分	酢酸-dl-α-トコフェロール
制汗成分	パラフェノールスルホン酸亜鉛
紫外線吸収剤・安定化剤	オキシベンゾン、シノキサート、2-（2-ヒドロキシ-5-メチルフェニル）ベンゾトリアゾール
酵素類	ウリカーゼ、塩化リゾチーム
酸化防止剤	ジブチルヒドロキシトルエン、dl-α-トコフェロール、ヒドロキノン、ブチルヒドロキシアニソール、没食子酸プロピル
キレート剤	エデト酸及びその塩類
還元剤	システイン及びその塩酸塩、チオグリコール酸及びその塩類、チオ乳酸塩類
基剤（乳化安定）	ステアリルアルコール、セタノール、セトステアリルアルコール
基剤（エモリエント剤）	酢酸ラノリン、酢酸ラノリンアルコール、ミリスチン酸イソプロピル、ラノリン、液状ラノリン、還元ラノリン、硬質ラノリン、ラノリンアルコール、水素添加ラノリンアルコール、ラノリン脂肪酸イソプロピル
着色剤	医薬品等に使用することができるタール色素を定める省令（昭和41年厚生省令第30号）別表第1、別表第2及び別表第3に掲げるタール色素
ホルモン	ホルモン

参考文献・資料

- 美容皮膚科学　改訂2版（日本美容皮膚科学会編，南山堂）
- あたらしい美容皮膚科学（日本美容皮膚科学会編，南山堂）
- 美容皮膚科ガイドブック（中外医学社）
- あたらしい皮膚科学　第3版（中山書店）
- にきび最前線（メディカルレビュー）
- 新化粧品学　第2版（南山堂）
- 機能性化粧品の開発Ⅳ（シーエムシー出版）
- 化粧品事典（日本化粧品技術者会編，丸善出版）
- コスメチックQ&A事典 資料編（日本化粧品工業連合会編，コスメチックレポート増刊号　別冊付録）
- トコトンやさしい化粧品の本（日刊工業新聞社）
- 美容皮膚科学事典　最新改訂版（中央書院）
- Feldman RJ. Et al. J. Invest. Dermatol. 48. 181-3
- J. Soc. Cosmet. Chem. Jpn. 19 (1) IFSCC 特集号
- FJ 45 (2)
- J. Invest. Dermatol. 1991 96 (4)
- J. Soc. Cosmet. Chem. Jpn. 23 (1)
- J. Soc. Cosmet. Chem. Jpn. 41 (4)
- 香粧会誌，41 (3)
- 香粧会誌，15 (2)
- 油化学，44 (10)
- 公益財団法人日本スポーツ協会 スポーツ活動中の熱中症予防ガイドブック
- 環境省，紫外線環境保健マニュアル2020
- 国立環境研究所 地球環境研究センター，絵とデータで読む太陽紫外線 - 太陽と賢く仲良くつきあう方法
- 農林水産省，食生活指針
- 厚生労働省，農林水産省，食事バランスガイド
- 厚生労働省，健康づくりのための身体活動・運動ガイド2023
- 厚生労働省　Webサイト
- 気象庁　Webサイト
- 日本化粧品工業会　Webサイト

本書の内容に関する注意事項

- 化粧品の処方や特徴、イラストなどは、一般的な参考資料を元につくり一例を紹介しています。全ての商品の特徴などに当てはまるわけではありません。

- メイクアップ方法なども、一般的なものをベースにしています。各メーカーにより推奨している方法が異なる場合もあります。

- 現時点での研究やデータなどを参考に制作しています。本書の内容に改訂があった場合、随時、日本化粧品検定協会ホームページ（https://cosme-ken.org/）でお知らせします。

- 日本化粧品検定や本書は、化粧品について学ぶもので、化粧品の良し悪しを決めるものではありません。

- 本書に記載されている内容は、一般的な事柄について記述したものであり、美容に関する知識の習得を目的としています。本書の知識のみで、診断や治療をすることは法律により禁じられています。また、肌トラブル等が起きた場合は、自己判断せず皮膚科専門医にご相談ください。

STAFF

本文イラスト／白いねこねこ
本文デザイン／秋吉佐弥佳、木村舞子（ナッティワークス）、桜田ゆかり、清水洋子、高松佳子、谷山佳乃（アドベックス2）、二橋孝行、茂木祐一、山谷吉立
装丁／山谷吉立
キャラクターデザイン／いしいともこ
制作・総合監修／藤岡賢大（日本化粧品検定協会 理事兼顧問）
制作協力／日本化粧品検定協会
　　原稿作成／小西さやか、根岸里歌、村上佳奈代、山田恵美子、
　　川名真紀子、鈴木恵美子、工藤さゆり
　　イラスト作成／喜多のりこ
DTP制作／ローヤル企画、松田修尚（主婦の友社）
校正／文字工房燦光
編集協力／岩村優子、大井牧子、狩野啓子、小山まゆみ、高柳有里
編集／田中希
編集／西小路梨可、鵜澤みな子、大隅優子（主婦の友社）

おわりに

最後まで読んでくださり、ありがとうございます。

化粧品や美容に関する情報は、私が「日本化粧品検定」を立ち上げた頃よりも、さらに膨大になってあふれています。自分でも調べやすくなった一方で、信頼できるものにたどり着くことが困難になっているようにも感じています。

今回の改訂では3年間かけて、より専門性の高い医学博士や大学教授の方々に監修いただき、信頼性の高い情報にしました。さらに、法律関連を中心に最新情報にアップデートし、美容師国家試験などの美容の資格の内容に準拠し、よりわかりやすく学べるようにイラストでの解説を増やしました。

本書は、日本化粧品検定の受験対策テキストとしてだけではなく、スキンケア、メイクにとどまらず、ボディケア、ヘアケア、ネイルケアなどを網羅しているため、日々のお手入れや化粧品について疑問を感じたときに事典としても活用いただけます。

自分の化粧品選びはもちろんのこと、家族や友人、お客さまへの化粧品選びのアドバイスを行ったり、SNSで情報発信したりするための美容の基礎知識を学ぶ教科書として、さらには化粧品や美容業界で働く方々にとってのバイブルとして、役立てていただければ光栄です。

出版にあたり、協会立ち上げ当初から全範囲を監修してくださった伊藤建三先生をはじめ、監修してくださった先生方、伊藤誠先生をはじめアドバイス・サポートいただいた専門家の方々、田中希様をはじめ編集に尽力いただいた主婦の友社のみなさま、3年間かけて一緒に原稿を書き続けてくださった日本化粧品検定協会理事　藤岡賢大様をはじめ、顧問・スタッフのみなさん、関わってくださったすべての方に心から感謝いたします。

この本で、美容・コスメの悩みを解決するお手伝いができますように。

手に取ってくださった方々が、キレイになることで自信をもって、より素敵な毎日が過ごせますように。

一般社団法人　日本化粧品検定協会
代表理事 小西さやか

小西さやか　一般社団法人日本化粧品検定協会® 代表理事

ボランティア活動として、Webサイトから無料で受験できる日本化粧品検定3級を立ち上げる。その後、主催する「日本化粧品検定」の1級と2級は文部科学省後援事業となり、現在、累計受験者数は150万人を突破している。北海道文教大学客員教授、東京農業大学客員准教授、日本薬科大学 招聘准教授、更年期と加齢のヘルスケア学会などの幹事、協会顧問・理事を歴任。化学修士（サイエンティスト）としての科学的視点から美容 コスメを評価できるスペシャリスト、コスメコンシェルジュ®として活躍中。著書は『美容成分キャラ図鑑』（西東社）、『「私に本当に合う化粧品」の選び方事典』（主婦の友社）など13冊、累計70万部を超える。

小西さやかインスタグラム
@cosmeconcierge

〔内容・検定に関するお問い合わせ先　一般社団法人日本化粧品検定協会®〕
info@cosme-ken.org

日本化粧品検定協会®
ホームページ
https://cosme-ken.org/

公式インスタグラム
@cosmeken

公式 X
@cosme_kentei

公式 tiktok
@cosmekentei

コスメのTERACOYA
https://cosme-ken.org/teracoya/

日本化粧品検定　2級対策テキスト　コスメの教科書　第3版

2025年1月20日　第1刷発行
2025年4月20日　第2刷発行

著者　　一般社団法人日本化粧品検定協会®
発行者　大宮敏靖
発行所　株式会社主婦の友社
　　　　〒141-0021　東京都品川区上大崎 3-1-1 目黒セントラルスクエア
　　　　電話 03-5280-7537（内容・不良品等のお問い合わせ）049-259-1236（販売）
印刷所　大日本印刷株式会社

©Sayaka Konishi 2024 Printed in Japan　ISBN978-4-07-460799-0

R〈日本複製権センター委託出版物〉
本書を無断で複写複製（電子化を含む）することは、著作権法上の例外を除き、禁じられています。
本書をコピーされる場合は、事前に公益社団法人日本複製権センター（JRRC）の許諾を受けてください。
また本書を代行業者等の第三者に依頼してスキャンやデジタル化することは、たとえ個人や家庭内での利用であっても一切認められておりません。
JRRC〈https://jrrc.or.jp　eメール: jrrc_info@jrrc.or.jp　電話:03-6809-1281〉

■本のご注文は、お近くの書店または主婦の友社コールセンター（電話0120-916-892）まで。
＊お問い合わせ受付時間　月〜金（祝日を除く）10:00〜16:00
＊個人のお客さまからのよくある質問のご案内　https://shufunotomo.co.jp/faq/